NOTIONS PRÉLIMINAIRES

D'HISTOIRE NATURELLE

Imprimerie de Ch. Lahure (ancienne maison Crapelet)
rue de Vaugirard, 9, près de l'Odéon.

NOTIONS PRÉLIMINAIRES

D'HISTOIRE NATURELLE

POUR SERVIR D'INTRODUCTION

AU COURS ÉLÉMENTAIRE D'HISTOIRE NATURELLE

PAR

MM. MILNE EDWARDS, DE JUSSIEU ET BEUDANT

NOTIONS PRÉLIMINAIRES

DE GÉOLOGIE

extraites du cours de

M. BEUDANT
membre de l'Institut, inspecteur général de l'instruction publique

et rédigées conformément au programme officiel de l'enseignement dans les lycées (section des sciences)

PAR M. E. B. DE CHANCOURTOIS
ingénieur au corps impérial des Mines

PARIS

LANGLOIS ET LECLERCQ
Rue des Mathurins-Saint-Jacques, 10

VICTOR MASSON
Place de l'École de Médecine, 17

1854

AVERTISSEMENT.

D'après le nouveau programme de l'enseignement dans les lycées, une leçon sur les *roches* doit compléter les notions générales d'histoire naturelle exposées dans la classe de troisième (division supérieure, section des sciences, art. XLIX, leçon 17).

Les matières de cette leçon qui se trouvent disséminées dans le **Cours élémentaire de géologie** de M. BEUDANT, convenable pour la classe de rhétorique, ont été extraites de ce cours et réunies ici, avec les additions nécessaires pour satisfaire à l'article du programme en question.

Nous avons pris naturellement comme guide, dans notre travail, l'enseignement de M. ÉLIE DE BEAUMONT, auquel nous avons même fait quelques emprunts textuels facilement reconnaissables. Les notions sur les roches, contenues dans le traité de minéralogie de M. DUFRÉNOY, nous ont été aussi d'un grand secours. Il ne nous a cependant pas été possible de suivre absolument l'ordre adopté par nos deux illustres maîtres, dans leur introduction à la description de la carte géologique de France. Pour maintenir une liaison aussi intime que possible entre le **Cours de géologie** et les présentes **Notions préliminaires**, qui doivent lui servir en quelque sorte d'introduction, nous avons dû conserver la division des roches en *éruptives* et *sédimentaires*, qui résulte, dans l'ouvrage de M. BEUDANT, de ce que la description des roches est subordonnée à celle des terrains. Nous avons ensuite établi une troisième classe, celle des roches *métamorphiques*, dont l'institution, tout à fait d'accord avec l'esprit de l'ouvrage, était à peu près indispensable, du moment où l'on ne groupait pas les roches d'après la composition.

Dans les détails, nous avons encore suivi, autant que possible, l'ordre adopté par M. BEUDANT, cherchant d'ailleurs à mettre en évidence les considérations qui le motivent. Les développements, dans lesquels nous sommes entrés à cet égard, nous étaient commandés par le titre de l'art. XLIX (*notions générales et principes de classification*).

Une bonne classification lithologique naturelle nous semble devoir être, avant tout, un résumé synthétique de *géologie ;* car le caractère principal d'individualité des roches, c'est l'existence en grande masse dans des conditions de gisement uniformes, et nous croyons, qu'en adoptant franchement le principe *géologique* comme dominant, on peut faciliter beaucoup l'application des considérations de structure et de composition , et arriver ainsi à rendre la classification des roches bien plus satisfaisante, au point de vue minéralogique lui-même, que lorsqu'on la construit sur le principe *minéralogique* seul. Mais nous n'avons pas voulu essayer d'établir une telle classification, la tentative serait peut-être prématurée; car, malgré de récents et utiles travaux, les documents sur la minéralogie des roches ne paraissent encore ni assez nombreux ni assez contrôlés. Dans tous les cas elle serait déplacée ici. Nous avons seulement cherché à faire ressortir, suffisamment, tous les principes sur lesquels on pourra s'appuyer pour un pareil travail.

La note jointe au programme nous a déterminés à être très-larges, dans l'acception du mot *vulgaires*, qui caractérise les roches à considérer, afin que ces **Notions préliminaires** réunissent les matières des différentes leçons appropriées aux différentes localités. La division en paragraphes numérotés permettra de circonscrire facilement, suivant chaque cas, le champ d'étude des élèves. Du reste, nous nous sommes occupés seulement des roches qui sont réellement importantes; soit parce qu'elles constituent la totalité ou la plus grande partie de quelques terrains; soit parce que leurs gisements en masses, à la vérité, peu étendues, sont, par compensation, très-communs ; soit enfin, parce que leur utilité particulière rachète en quelque sorte leur rareté relative et leur faible développement.

Nous avons signalé avec soin les principaux usages, non-seulement de cette dernière catégorie de roches, mais encore de toutes les autres, et nous avons emprunté souvent pour cela des passages du **Cours élémentaire de minéralogie** de M. BEUDANT. Ces indications ont le double avantage, de jeter de l'intérêt sur un sujet d'étude, assez ingrat au début, et de faire ensuite acquérir immédiatement, sur chaque roche, un ensemble de notions, en quelque sorte implicites, qui, lors même qu'elles ne sont pas complétement saisies, ont toujours le précieux caractère de certitude des idées pratiques.

Les notions d'application ne pouvaient être cependant que très-accessoires. Nous devions, avant tout, expliquer la composition minéralogique et décrire les caractères extérieurs, le *facies* des masses et des éléments des roches. C'est ce que nous avons fait, mais aussi succinctement que possible; et les généralités que nous avons placées en tête des diverses classes, ont pour objet de simplifier les descriptions particulières, en même temps qu'elles servent à grouper les faits par quelques considérations systématiques.

Nous devons faire ici une remarque analogue à la précédente; c'est que les notions théoriques, alors même qu'elles reposent sur des bases discutables, fournissent souvent la meilleure manière de résumer une foule de notions positives qui, données en détail et sans un lien rationnel, ne feraient aucune impression sur l'esprit. Cela est surtout vrai dans l'étude des roches. Ainsi, pour n'en citer qu'un exemple, les dénominations d'amygdaloïdes à *noyaux contemporains* et à *noyaux postérieurs*, quelle que soit leur justesse absolue, donnent certainement des oppositions de structure de ces deux genres de roches, une idée résumée aussi nette et aussi frappante que possible.

En donnant la composition des roches, il fallait nécessairement admettre certaines connaissances minéralogiques préalables, et les notes explicatives ne dispenseront pas le lecteur de se reporter au **Cours de minéralogie**, s'il ne possède pas déjà ces connaissances.

Dans l'enseignement oral, l'exposé de quelques notions purement minéralogiques sur les *minéraux des roches*, sera, pour ainsi dire, forcé; mais on le simplifiera beaucoup en mettant sous les yeux des élèves de bons types des minéraux en question, pris dans les roches où ils sont le mieux développés.

Une collection de roches, *peu nombreuses* et *bien caractérisées*, sera aussi absolument nécessaire pour l'enseignement qui nous occupe. C'est à l'aide de cette collection que les élèves studieux pourront compléter leur instruction lithologique, et leur tâche sera facile s'ils ont *bien vu* avec le professeur trois ou quatre roches de chaque classe.

Pour la leçon même, d'après les indications du programme, le professeur doit surtout profiter des ressources de la localité. Nous pensons, à cet égard, que la leçon serait très-utilement *précédée* d'une des promenades recommandées également par le programme. Dans cette promenade, les élèves acquerraient pratiquement une partie des notions générales sur la disposition des formations, et pourraient surtout se faire une idée juste de ce qu'on entend par *une roche*, en voyant et en cassant des roches *en place*.

En terminant, nous devons remercier notre collègue M. Beudant, qui, empêché par ses occupations à l'École des mines de rédiger ces notions préliminaires, nous a priés de nous en charger, et nous a procuré ainsi l'honneur d'inscrire notre nom au-dessous de celui de son père.

E. B. de C.

SOMMAIRE.

PROGRAMME OFFICIEL.

Introduction.

Roches de cristallisation ou éruptives.

Roches sédimentaires.

Roches métamorphiques.

Appendice. — Roches des dépôts adventifs.

NOTIONS PRÉLIMINAIRES

DE GÉOLOGIE.

PROGRAMME OFFICIEL.

HISTOIRE NATURELLE.

NOTIONS GÉNÉRALES ET PRINCIPES DE CLASSIFICATION

XVIIE LEÇON.

INDICATION DES ROCHES LES PLUS VULGAIRES QUI ENTRENT DANS LA COMPOSITION DES COUCHES DU GLOBE ; LEUR DÉNOMINATION ET LEURS CARACTÈRES LES PLUS FRAPPANTS ; LEUR DISPOSITION HABITUELLE EN COUCHES ET EN MASSE. MONTRER QUELQUES EXEMPLES DES FOSSILES QU'ELLES PEUVENT RENFERMER.

Nota. Faire connaître surtout les roches qui entrent dans la constitution de la contrée où l'enseignement a lieu.

NOTIONS PRÉLIMINAIRES
DE GÉOLOGIE.

INTRODUCTION.

§ 1. **Grandes divisions des masses minérales.—Définitions.** — La partie solide extérieure de notre globe, ce que l'on appelle généralement la *croûte terrestre*, présente, envisagée en grand, une espèce de mosaïque à compartiments de composition et de structure variées. La diversité des compartiments est rendue évidente par une foule de circonstances, telles que les échanges des produits minéraux d'un pays à un autre ; on en trouve aussi une manifestation dans la diversité des cultures qui sont toujours en rapport avec la nature du sous-sol. Si l'on cherche à étudier et à classer les masses minérales qui les composent, on voit dès l'abord qu'il y a lieu de diviser ces masses en deux grandes catégories.

Les unes ont été évidemment formées de *sédiments*, comme les dépôts que l'on voit encore s'accumuler dans le lit des rivières, dans les lacs, sur les bords de la mer. Elles consistent principalement en cailloux roulés, sables, limons et calcaires et montrent plus ou moins nettement le caractère distinctif de la *stratification*, c'est-à-dire, de la disposition en couches parallèles et généralement horizontales ou voisines de l'horizontalité. Elles contiennent en outre des débris et des empreintes de corps organisés. Elles constituent les *terrains sédimentaires* ou *neptuniens*.

Les autres ne présentent aucune trace de stratification, aucun reste de corps organisés et ont au contraire les plus grands rapports de composition, de structure et de gisement avec les masses fondues rejetées par les volcans, ou ressemblent aux produits de la fusion ignée des matières pierreuses que l'on obtient dans les ateliers métallurgiques. Elles sont principalement composées de silicates, ordinairement mélangés, et cristallisés plus ou moins complétement, comme si elles avaient été fondues, soit par la seule influence d'une température très-élevée, soit par l'influence combinée de la température et d'agents chimiques puissants, parmi lesquels l'eau doit sans doute figurer. Elles constituent les *terrains éruptifs* ou de *cristallisation*, appelés encore terrains *ignés* ou *plutoniques*.

On observe fréquemment, au contact des terrains de ces deux classes, que les masses sédimentaires ont éprouvé des modifications profondes. On voit se développer des caractères particuliers, principalement celui de la *schistosité* ou structure feuilletée. Souvent même les caractères sédimentaires viennent à disparaître totalement dans quelques points, de manière qu'il y a passage insensible du terrain franchement sédimentaire au terrain admis comme igné. Les terrains sédimentaires modifiés peuvent être considérés comme formant une troisième classe de *terrains* dits *métamorphiques*, le mot métamorphisme étant admis pour désigner l'ensemble des actions, d'ailleurs très-complexes et peu connues en principe, des roches éruptives sur les roches sédimentaires.

En dehors de toute considération théorique, ces trois grandes divisions subsisteraient et pourraient être désignées d'une manière très-positive par les dénominations générales de *terrains stratifiés*, *terrains non stratifiés*, et *terrains intermédiaires* ou *mixtes*.

On rencontre en outre, dans tous les terrains, des dépôts qui en sont plus ou moins indépendants par leur mode de gisement et par leur nature, et que l'on appelle *dépôts adventifs*. Ces dépôts fournissent en général des matières très-utiles, entre autres les minerais métalliques. Les plus indépendants sont certains *filons* ou *amas* évidemment dus à des phénomènes complexes qui se rattachent aux phénomènes éruptifs ou métamorphiques, et dont les *sources minérales* et les *émanations volcaniques* nous présentent encore des exemples.

§ 2. Dans un compartiment de la croûte terrestre appartenant à l'une ou à l'autre de ces classes on peut distinguer, en second lieu, des masses de différentes natures.

Chaque masse minérale, de composition et de structure uniformes sur une étendue importante, constitue ce qu'on appelle une *roche*.

Les roches sont tantôt *simples*, tantôt *composées*, c'est-à-dire qu'elles sont formées d'une seule et même matière, comme les calcaires, ou qu'elles résultent de la réunion de plusieurs matières différentes, comme les granites. Mais il faut bien remarquer que l'homogénéité d'une *roche* tient à la fois de l'homogénéité d'un mélange mécanique et de celle d'une dissolution, et diffère tout à fait de l'homogénéité d'un *minéral* qui est une homogénéité chimique. Ainsi, une roche simple offre très-rarement un minéral pur, et dans une roche composée la proportion des minéraux associés varie entre des limites assez étendues et change souvent insensiblement, mais complétement, quand on passe d'une partie de la masse à une autre ; la structure varie aussi beaucoup.

Ces conditions rendent naturellement difficiles la caractérisation des individus, leur groupement par espèce et l'institution d'une classification et d'une nomenclature systématique. Il n'en est pas moins certain que les terrains dont est formée la croûte terrestre, sont divisibles en masses élémentaires ou *roches*, jouissant d'un degré d'homogénéité tel qu'il détermine pour chacune un ensemble de propriétés caractéristiques, et exige une dénomination correspondante. Des considérations entièrement pratiques lèvent toute espèce de doute à cet égard. En effet, on sait généralement quel ensemble de propriétés spéciales et diversement utiles pour les constructions, rappelle chacune des dénominations de *granite*, *porphyre*, *grès*, *calcaire*, *argile*, etc., et ce sont précisément ces noms de types de matériaux de construction qui figurent au premier rang dans toutes les nomenclatures de roches ; on pourrait dire que la connaissance des roches est la régularisation de la science des entrepreneurs en construction, au même titre que la minéralogie est la régularisation de la science des lapidaires.

La connaissance des roches a reçu le nom de *lithologie*. C'est le préliminaire indispensable de la géologie. Nous allons en donner les notions les plus importantes en commençant par les roches des terrains de cristallisation, passant ensuite aux roches sédimentaires, aux roches métamorphiques, et terminant par les masses minérales des dépôts adventifs qui sont assez considérables pour être qualifiées de roches.

ROCHES DE CRISTALLISATION OU ÉRUPTIVES.

§ 3. **Généralités. — Structures.** — Les roches des terrains de cristallisation sont formées en général de silicates de diverses sortes, appartenant principalement aux genres ou groupes minéralogiques des *feldspaths*, des *micas*, des *amphiboles*, des *pyroxènes*, des *serpentines*, des *diallages* [1].

1. Les feldspaths sont des silicates alumineux et alcalins ou calcaires ; ceux qui entrent dans la composition ordinaire des roches, sont : l'orthose, l'oligoclase et le labrador. Voici leurs formules chimiques avec les rapports des quantités d'oxygène dans les trois éléments : base à un équivalent, base à trois équivalents et silice.

Orthose..................	$\dot{R}\dddot{Si} + \dddot{\bar{R}}\dddot{Si}^{3}$	1 : 3 : 12.
Oligoclase..................	$\dot{R}\dddot{Si} + \dddot{\bar{R}}\dddot{Si}^{2}$	1 : 3 : 9.
Labrador..................	$\dot{R}\dddot{Si} + \dddot{\bar{R}}\dddot{Si}$	1 : 3 : 6.

La base à trois équivalents est presque exclusivement l'alumine ; la base à un équi-

Ces silicates sont mélangés entre eux ou avec le *quartz* dans les roches *composées*.

Quelquefois une seule matière paraît former presque exclusivement la roche qui alors est dite *simple*.

Les roches composées, dont on peut faire minéralogiquement une infinité d'espèces, suivant la quantité, la nature et la variété des substances mélangées, se réduisent cependant à un assez petit nombre, quand on veut les envisager en grand comme les masses qu'elles forment à la surface du globe.

§ 4. Leur *structure d'agrégation* ou *texture* doit d'abord nous arrêter.

Les roches *granitoïdes*, sont composées de minéraux tous cristallisés réunis en masses granuleuses.

Les roches *porphyroïdes* offrent une pâte plus ou moins compacte enveloppant des substances en cristaux isolés.

Les textures granitoïdes et porphyroïdes passent par la diminution de la cristallinité à une texture simplement *grenue*, ou même à une texture tout à fait *compacte*, lorsque les éléments deviennent indiscernables.

Souvent les matières empâtées dans les porphyres ne sont pas cristallisées, mais simplement réunies en nœuds cristallins; la structure porphyroïde dégénère alors en texture *variolitique* ou amygdaloïde à noyaux contemporains.

Certaines roches présentent aussi des noyaux de substances étrangères à la pâte, très-nettement isolés et *paraissant* dus à un remplissage de cavités préexistantes. C'est alors la texture *amygdaloïde* proprement dite ou *amygdaloïde à noyaux postérieurs*. Ces mêmes

valent est principalement la potasse pour l'orthose, la soude pour l'oligoclase, la chaux pour le labrador. L'orthose est du cinquième système cristallin, les deux autres sont du sixième.

L'albite feldspath du sixième système, ayant la même formule que l'orthose, mais dans lequel la soude remplace la potasse, a été longtemps considéré comme élément essentiel de diverses roches. Les travaux récents semblent lui enlever complétement ce rôle pour le donner à l'oligoclase.

Les micas sont aussi des silicates alumineux et alcalins ou alcalino-terreux; mais de compositions très-complexes et contenant souvent du fluor.

Les amphiboles sont des silicates de chaux, magnésie et fer, dont la formule est $\dot{R}^{4}\dddot{Si}^{3}$

Les pyroxènes sont des silicates de chaux, de magnésie et de fer, dont la formule est $\dot{R}^{3}\dddot{Si}^{2}$. Ce sont les espèces les plus ferrugineuses qui dominent dans les roches. L'hypersthène n'est qu'une espèce de pyroxène.

Les diallages se rattachent aussi au pyroxène, mais contiennent de l'eau.

Les serpentines sont des silicates magnésiens hydratés.

roches se trouvent aussi à l'état celluleux par l'absence ou la destruction des noyaux de remplissage.

D'autres roches présentent enfin une texture à la fois granitoïde et porphyroïde, avec une tendance à passer à l'état vitreux et une porosité plus ou moins grande qui leur donnent une âpreté particulière. Cette texture est la texture *trachytique*.

§ 5. **Roches simples.** — Parmi les roches simples on peut citer d'abord le *quartz*, qui se rencontre en filons et mamelons assez considérables. Il est le plus souvent vitreux et laiteux, mais passe dans certains cas à des masses cariées enfumées et pénétrées de minéraux divers (galène, baryte sulfatée, etc.), et est alors en relation avec les roches de contact appelées *arkoses*. En rangeant ici une partie des roches de quartz, nous devons faire observer que l'eau a certainement joué le rôle le plus important dans leur production.

§ 6. Certaines masses feldspathiques, à proportions chimiques plus ou moins définies, et désignées sous les noms de *pétrosilex*, *eurites*, *rétinites*, *obsidiennes*, peuvent être considérées comme roches simples éruptives ou de fusion. Elles se présentent ordinairement comme résultat de la dégradation de structure ou de composition de roches à éléments feldspathiques déterminés; elles sont d'ailleurs caractérisées par leur dureté.

Les *pétrosilex* sont tout à fait compactes. Les *eurites* ont une structure plus cristalline et passent insensiblement aux roches parfaitement cristallisées. Les *rétinites* ou *pechsteins* sont des petrosilex consolidés à l'état vitreux, mais leur éclat n'est pas franchement vitreux, il est plutôt résineux; de là leur nom. La couleur varie entre le gris verdâtre ou jaunâtre et le brun rougeâtre.

Les *obsidiennes* qui ont l'aspect du verre à bouteille plus ou moins noir et passent souvent aux matières éminemment celluleuses appelées *ponces*, ne se rattachent pas aux mêmes roches composées que les pétrosilex et les rétinites.

§ 7. Les *amphiboles* forment aussi à elles seules des masses assez considérables, évidemment éruptives, d'un vert plus ou moins foncé à structure éminemment lamelleuse et souvent radiée. Ces roches, appelées *amphibolites*, sont ordinairement des accidents dans les roches amphiboliques composées; mais elles ont de l'importance parce qu'elles sont fréquemment accompagnées de minéraux métalliques, principalement de fer oxydulé et de pyrites cuivreuses.

Le pyroxène en masses granulaires et cristallisées d'un vert jaunâtre forme la roche appelée *lherzolite* du nom de la localité des Pyrénées où on l'a d'abord observée.

§ 8. Les diverses sortes de *serpentines* sont encore regardées comme des roches simples, éruptives ; leur couleur verte plus ou moins veinée, leur cassure cireuse et esquilleuse, les font reconnaître facilement. La serpentine dite noble est très-tendre ; mais les roches serpentineuses ont une dureté très-variable et souvent assez grande pour mériter le nom de *serpentines dures*. Leur infusibilité les rend propres à former d'excellents matériaux réfractaires pour les hauts-fourneaux. On les utilise ainsi dans les Alpes piémontaises. Elles contiennent souvent des gîtes considérables de pyrite cuivreuse, de cuivre natif, de fer oxydulé, et particulièrement de fer chrômé.

Les serpentines présentent des surfaces de divisions naturelles courbes et polies qui indiquent qu'elles sont venues au jour dans un état en quelque sorte grumeleux, assez voisin de l'état solide, et en subissant de fortes pressions. Elles ont cependant pénétré intimement par veines et filons dans beaucoup de terrains calcaires et y ont formé des brèches que l'on exploite comme marbres, le vert antique, par exemple. Leur action métamorphique a d'ailleurs été très-intense, comme on l'observe dans les Alpes. Elles semblent avoir taché les autres roches avec lesquelles elles se sont trouvées en contact. Ces roches contiennent fréquemment une forte proportion de diallage lamelleux et passent aux roches essentiellement diallagiques.

On peut enfin citer aussi comme roches simples et se rapprochant des serpentines par l'élément magnésien commun, les masses de *chlorite écailleuse*[1], auxquelles on donne vulgairement le nom de *pierre ollaire*, et qui, à raison de la facilité avec laquelle on les taille, servent à fabriquer des ustensiles et des objets d'agrément.

Mais cette roche de chlorite, par sa tendance à la structure schisteuse et par ses relations de position, se rattache plutôt aux terrains métamorphiques, parmi lesquels il faut aussi classer d'ailleurs la plupart des petrosilex et des eurites, une partie des amphibolites et peut-être une partie des roches serpentineuses.

§ 9. **Roches granitoïdes et roches grenues ou compactes qui s'y rattachent.** — Nous examinerons d'abord les roches à texture granitoïde, parce que ce sont naturellement celles dont la composition est la mieux définie, pour passer ensuite aux roches dont les éléments sont moins cristallins, et par suite plus confus et plus difficiles à déterminer.

Granites. — Le nom de *granite* qui avait été d'abord appliqué uniformément à toutes les roches contenant du feldspath, du mica et du quartz cristallins réunis en masses granuleuses, doit être con-

1. Les *chlorites* sont des silicates alumineux, magnésiens et ferrugineux hydratés.

sidéré comme un nom de genre ou de groupe, par suite des distinctions établies ou à établir entre les différentes espèces de feldspaths ou de micas.

On a reconnu que beaucoup de granites, considérés autrefois comme à trois éléments, contiennent deux feldspaths ou deux micas distincts, de manière que l'on entend maintenant par *granite* une roche composée d'éléments cristallins au nombre de trois au moins et cinq au plus, savoir :

Le quartz;

Un ou deux feldspaths ;

Un ou deux micas.

Les micas des granites n'ont pas encore été différenciés d'une manière assez approfondie pour qu'on leur donne des noms d'espèces. On les distingue encore par leurs couleurs qui sont en général le blanc, le brun, le noir, le vert.

L'étude des feldspaths est plus avancée, et l'on sait que l'espèce dominante dans le granite est l'*orthose* et que l'espèce accessoire est en général l'*oligoclase*. Les deux feldspaths prennent des couleurs variées entre le blanc, le gris, le fauve et le rouge brique. La couleur la plus habituelle de l'orthose est le blanc légèrement nacré, avec des nuages rosés ou fauves. L'oligoclase est ordinairement d'un blanc très-transparent avec un éclat plus gras que celui de l'orthose. Cependant l'un et l'autre prennent la teinte rouge de chair ou même rouge de brique qui paraît due à une altération. Le caractère distinctif des deux feldspaths se trouve dans le clivage de la base qui, étant très-facile, se présente ordinairement dans les cassures de la roche.

Fig. 1. Fig. 2. Fig. 3.

Feldspath orthose.

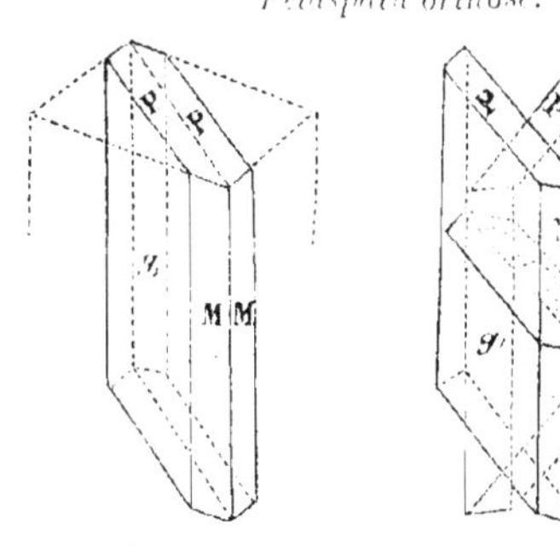

Simple. *Maclé (théoriquement).* *Section du cristal maclé.*

Les cristaux d'orthose, fig. 1, forment en général leur hémitropie, fig. 2, par une rotation autour de l'arête verticale du prisme. La section faite suivant le clivage de la base P, et par conséquent brillante et unie, pour l'une des moitiés du cristal, se prolonge dans l'autre moitié par une cassure brute et inégale, fig. 2 et 3.

Pour l'oligoclase, fig. 4, dans lequel le clivage de la base P n'est pas perpendiculaire au clivage diagonal, l'hémitropie se fait par rotation dans le plan de ce clivage, fig. 5; il en résulte que la base présente une gouttière Pd, et si l'hémitropie se répète, la série de gouttières donne une surface striée, fig. 6, qui se reproduira par chaque cassure dirigée suivant cette base.

Fig. 4. *Feldspath oligoclase.* Fig. 5. Fig. 6.

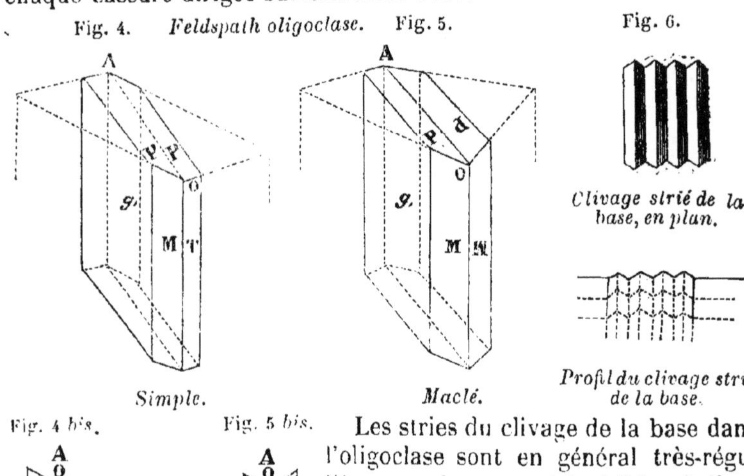

Clivage strié de la base, en plan.

Profil du clivage strie de la base.

Simple. *Maclé.*

Fig. 4 bis. Fig. 5 bis.

A O A O

Profils perpendiculaires à AO.

Les stries du clivage de la base dans l'oligoclase sont en général très-régulières, mais souvent invisibles à l'œil nu. On doit les chercher en faisant miroiter les faces de clivage sous une lumière oblique et s'attachant surtout aux sections de cristaux rectangulaires, car cette forme de section résulte aussi pour l'oligoclase de la répétition des hémitropies, tandis que dans l'orthose, où il n'y a que deux moitiés de cristal réunies, la section est hexagonale, fig. 3.

Le quartz est ordinairement hyalin et amorphe, souvent enfumé; il paraît s'être moulé sur les autres éléments de la roche.

Les granites contiennent en outre un assez grand nombre de minéraux disséminés; on peut citer en première ligne le sphène, la tourmaline, l'oxyde d'étain.

§ 10. Une espèce de granite composée d'orthose, d'oligoclase, de mica vert, de talc et de quartz, a reçu le nom de *protogyne*, d'après une idée reconnue fausse depuis; elle mérite néanmoins un nom spécial, celui de *granite talqueux*, en raison du talc qui s'y rencontre en proportion notable associé soit au mica, soit à l'oligoclase auquel il communique une teinte verdâtre. L'orthose de la protogyne est souvent rosé. La protogyne est la roche principale du massif du mont Bla

On n'a pas encore dénommé d'autres granites; on s'est borné jusqu'à présent en les décrivant à énoncer sommairement leur composition, la couleur de leurs éléments, et la grosseur de leurs grains. A cet égard on distingue les *granites à grandes parties* dans lesquelles chaque élément forme de gros amas séparés, les *granites à gros grain* ou *grain moyen* et les *granites à grain fin* ou *euritiques* qui passent aux *eurites* dans lesquelles les éléments deviennent indiscernables.

§ 14 Les granites fournissent des matériaux de construction que l'on taille en les égrenant; on s'en sert exclusivement pour les banquettes de trottoirs à Paris; quand ils sont suffisamment agrégés on peut les polir. Mais les roches économiquement exploitables et utilisables ne sont pas très-communes dans les contrées granitiques.

Les granites forment ordinairement des masses fissurées dans tous les sens, désagrégées à la surface par l'altération du feldspath, et par conséquent, offrant des reliefs en général arrondis et dépourvus de rochers. Les éléments désagrégés constituent ce qu'on appelle les *arènes*, matières meubles qui acquièrent souvent une grande puissance et sont utilisées pour la fabrication des mortiers.

Les granites couvrent à eux seuls de vastes contrées comme le centre de la France dans l'Auvergne et le Limousin. Certaines espèces forment des filons distincts qui recoupent les masses granitiques fondamentales. Dans beaucoup de cas on voit les granites pénétrer dans les terrains stratifiés dont ils empâtent des fragments. L'exemple de la fig. 7, tiré de la vallée de Glen-Titt, en

Fig. 7. Fig. 8.

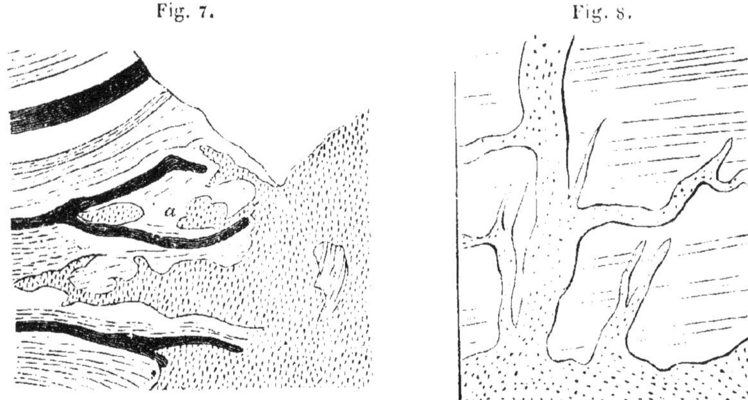

Injection du granite dans les roches diverses.

Écosse, montre le granite injecté dans des dépôts calcaires qui alternent avec les schistes argileux où il pousse des lopins séparés, *a*, et dont il enveloppe des fragments, *b*. La fig. 8 montre encore le granite traversant les roches stratifiées en filons verticaux dont les ramifications se terminent en pointe. Dans la fig. 9, tirée des houillères de Lapleau (Corrèze), on voit un lambeau de terrain houiller enveloppé par le granite. Enfin on rencontre fréquemment les granites superposés aux roches stratifiées, comme l'indique la fig. 10.

Fig. 9. *Dépôt houiller enclavé dans le granite.*

Fig. 10. *Superposition du granite aux couches sédimentaires.*

Les granites se comportent donc absolument comme des matières éruptives; ils ont exercé des actions métamorphiques plus ou moins intenses, mais ne sont jamais accompagnés de produits scoriacés.

§ 12. Granites dégénérés par changement de structure. — On voit fréquemment les grains feldspathiques des masses granitiques se fondre en une pâte plus ou moins lamelleuse; en même temps le quartz s'isole en nodules, et certains cristaux de feldspath se développent et acquièrent des dimensions considérables.

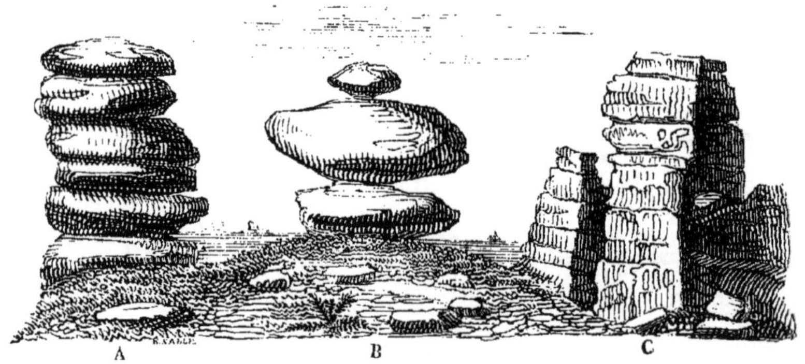

Fig. 11. *Dégradations du granite en différents lieux.*

La roche devient alors plus solide; elle éclate sous le marteau;

forme des rochers saillants; on l'appelle *granite porphyroïde*, et elle passe aux véritables porphyres.

Dans certains granites, il existe des systèmes de fissures croisés de manière à fournir des fragments parallélipipédiques, fig. 11, C, et la dégradation des parallélipipèdes conduit par l'arrondissement des arêtes aux formes de rochers A et B.

§ 13. On voit aussi fréquemment les paillettes de mica s'orienter et les granites prendre une texture rubanée et schisteuse : on leur donne alors le nom de *gneiss*. Mais il est nécessaire de remarquer que si ces roches peuvent être quelquefois des variétés des granites auxquels elles sont associées, le plus souvent on reconnaît qu'elles se lient aux roches arénacées, aux argiles schisteuses des terrains sédimentaires dont elles sont des modifications; ce sont alors des *gneiss métamorphiques* qui se trouvent toujours intercalés entre les granites et les roches sédimentaires.

§ 14. Granites dégénérés par changement de composition. — Quelques variétés des granites ont reçu des noms particuliers.

Les *pegmatites* sont des granites dans lesquels l'élément mica a disparu plus ou moins complètement.

Ce genre de roche se réduit souvent à un orthose lamellaire rempli de cristaux de quartz orienté qui ont l'apparence de caractères hébraïques : c'est ce qu'on appelle le *granite graphique* ou *pierre hébraïque*.

L'*hyalomicte* ou *greisen* est une sorte de granite peu répandue où le feldspath est très-rare, et qui n'a d'importance que parce qu'elle accompagne fréquemment les minerais d'étain et peut leur servir d'indice.

Il arrive souvent que dans quelques points les granites ou les gneiss s'appauvrissent en quartz et surtout en mica. La roche devient alors presque entièrement feldspathique finement grenue, et on la désigne sous le nom de *leptynite* ou *weistein*. Elle est tantôt compacte, tantôt schisteuse, quelquefois granitoïde; le feldspath y a un éclat particulier. Les grenats y sont fréquents. Cette roche, comme les gneiss, se rattache plutôt aux terrains métamorphiques qu'aux terrains éruptifs.

§ 15. Le *kaolin* provient de la décomposition des feldspaths des roches granitiques, et particulièrement de certaines pegmatites. C'est un silicate d'alumine hydraté, terreux, blanc, qui forme la pâte à porcelaine, quand il a été purgé des éléments de roche non altérés. Nous en possédons des gîtes considérables dans le Limousin, près de Saint-Yriex.

§ 16. Syénites.—Les *syénites* constituent un genre de roche très-voisin des granites auxquels elles passent par toutes les nuances. Elles diffèrent essentiellement des granites par la substitution de l'amphibole lamelleuse aû mica ; mais en outre l'oligoclase y devient l'élément feldspathique dominant, et le quartz disparaît souvent d'une manière plus ou moins complète en entraînant avec lui l'orthose. Les feldspaths des syénites sont ordinairement assez notablement colorés. L'orthose y est souvent d'un gris violacé et l'oligoclase d'un rouge de corail ; souvent aussi l'oligoclase est imparfaitement cristallisé. Parmi les minéraux disséminés, on peut citer le zircon, les pyrites, le fer oxydulé.

Les syénites forment des masses importantes, mais sont cependant beaucoup moins répandues que les granites, avec lesquels elles présentent beaucoup d'analogie de gisement comme de composition. Elles inclinent plus constamment vers la texture granito-porphyroïde, et sont souvent en relation avec des gîtes métallifères. Les syénites peuvent fournir de très-belles pierres polies pour ornement et décoration.

§ 17. Diorites. — Lorsque le quartz disparaît des syénites avec l'orthose, la roche se réduit à un mélange grenu et cristallin de feldspath et d'amphibole qui prend le nom de *diorite*. Le feldspath des diorites qu'on a cru, pendant longtemps être de l'albite, paraît être ordinairement de l'oligoclase, ou même du labrador qui présente les mêmes caractères cristallographiques ; il est assez ordinairement blanc laiteux. Les *diorites* passent facilement à l'amphibolite en perdant la matière feldspathique. On connaît des gneiss amphiboliques ou des diorites schisteuses, mais comme les gneiss précédents, ces roches doivent être, en partie au moins, rapportées aux terrains métamorphiques.

§ 18. Il arrive aussi que les deux éléments des diorites se mêlent intimement et que toute la masse devient compacte sans qu'on y puisse distinguer à l'œil les parties constituantes ; on la désigne assez souvent sous le nom de *cornéenne* ou d'*aphanite*, c'est en quelque sorte l'eurite des roches dioritiques. Les cornéennes pourraient être considérées comme roches simples aussi bien que les eurites ; elles doivent d'ailleurs être rangées en grande partie comme les eurites parmi les roches métamorphiques.

§ 19. Hypérites. — Les *hypérites* sont composées comme les diorites de deux éléments cristallins qui sont l'hypersthène et le labrador ; elles forment des dépots importants. L'hypersthène se reconnaît facilement à ses clivages rectangulaires et sa couleur brune avec éclat mordoré ; le labrador est ordinairement grisâtre, mais très-lamelleux et présente toujours le caractère du clivage de la base strié plus largement que l'oligoclase. Dans les belles roches de l'île Saint-Paul, et en général dans les hypérites du nord de l'Amérique et de l'Europe, le labrador présente de très-beaux reflets chatoyants et irisés qui le font rechercher comme pierre d'ornement.

§ 20. Euphotides. — Les *euphotides* se rencontrent quelquefois avec la texture granitoïde, formées de labrador lamelleux et de diallage; mais l'élément feldspathique est ordinairement à l'état compacte de manière que la roche a plutôt la texture porphyroïde; elle prend aussi une structure fissile et plus ou moins feuilletée.

Le labrador compacte des euphotides est assez souvent désigné sous le nom de *jade ;* il ne faut pas le confondre avec le jade oriental ; on lui donne aussi le nom de *saussurite ;* il est grisâtre, quelquefois avec des nuances bleues prononcées; on trouve dans les euphotides les deux espèces de diallage, l'une d'un beau vert émeraude, l'autre d'un gris bronzé. Dans tous les cas, les euphotides, particulièrement celles de Corse, fournissent des pierres dures d'un très-bel effet.

Les euphotides sont en relation de gisement avec les hypérites, les diorites et les serpentines.

§ 21. Dolérites. — La *dolérite* est un mélange de labrador et de pyroxène augite, elle ressemble à certaines variétés de diorites, d'autant plus qu'elle renferme assez souvent aussi de l'amphibole ; mais elle s'en distingue par le mélange habituel du péridot. Le labrador y est souvent en lamelles minces translucides présentant, sur la tranche, la gouttière caractéristique du 6e système cristallin, fig. 12. Le pyroxène est le plus ordinairement le pyroxène noir augite, à clivages parallèles aux faces du prisme.

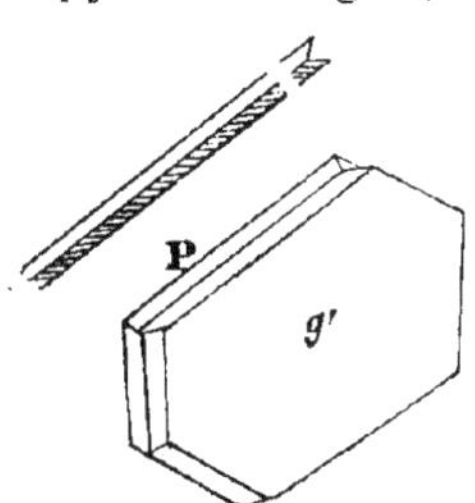

Fig. 12. *Feldspath labrador.*

La dolérite n'est pas du reste une roche très-importante, à l'état granitoïde que nous venons de décrire, mais on la voit passer aux *basaltes*, parmi lesquels elle se présente le plus ordinairement comme accident et qui forment des terrains considérables.

A la suite de la dolérite, on pourrait ranger différentes roches pyroxéniques, dans lesquelles le labrador est remplacé par un autre silicate alumineux anhydre ou hydraté, tel que la népheline, l'amphigène, l'analcime.

§ 22. Basaltes. — Les *basaltes* sont des roches plus ou moins compactes, très-lourdes, de couleur noire ou grise, que l'on regardait autrefois comme simples. En les soumettant à la méthode d'analyse mécanique, par trituration, lévigation, observation microscopique, etc., que M. Cordier a introduite dans la science, on reconnaît que la masse est composée de deux éléments essentiels en grains plus ou moins fins et plus ou moins cristallins, le pyroxène et le labrador ou un autre silicate alumineux tel que la népheline, l'analcime; ces deux éléments sont intimement mélangés, entre eux seulement, ou avec des grains de péridot. Mais le *péridot* se présente ordinairement en nodules de toute grosseur, granulaires, vitreux, et d'un vert olive qui constituent un caractère presque constant des basaltes. Le pyroxène se développe aussi fréquemment en cristaux tout à fait nets, fig. 13; enfin le labrador se montre, plus rarement, en lames minces offrant la gouttière. Quand tous les éléments se trouvent ainsi à l'état cristallin et qu'il n'y a plus de pâte à grains indiscernables, le basalte devient une dolérite.

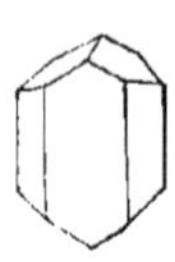
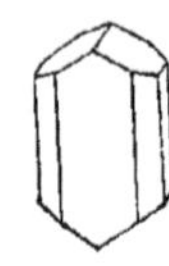
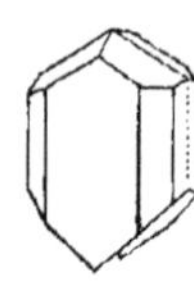

Fig. 13.

Les basaltes contiennent aussi fréquemment du fer oxydulé, tantôt en grains ou nodules visibles d'un beau noir brillant, tantôt intimement mélangé dans la masse qu'il rend fortement magnétique. On y observe encore des zircons.

La couleur plus ou moins foncée de la roche dépend de la proportion des éléments feldspathique et pyroxénique.

Les basaltes passent souvent à l'état amygdaloïde et à l'état scoriacé. Souvent aussi, ils passent à une roche argileuse, tendre, d'un gris olivâtre, qu'on appelle *wacke*, qui est le résultat, soit d'une modification originelle, soit d'une altération avec ou sans remaniement.

§ 23. Les terrains basaltiques ont été partout constamment remarqués par suite de la tendance des roches principales à se diviser en longs prismes, dont les dispositions variées ont excité souvent l'admiration des curieux. Ici tous les prismes convergent au sommet d'une butte, qui se présente alors comme un *gerbier;* là ils offrent des *colonnades* magnifiques, de l'aspect le plus pittoresque; ailleurs toutes les colonnes, brisées sur un même niveau, présentent des *pavés* composés de pièces à pans régulièrement accolées, s'étendant sur un espace plus ou moins considérable, et quelquefois placés en amphithéâtre les uns au-dessus des autres. La grandeur, l'aspect imposant de ces pavés leur ont fait donner le nom de *pavés* ou *chaussées des Géants*. Le Vivarais nous en fournit des exemples admirables, surtout entre Vals et Entraigues, sur les bords de la petite rivière du Volant, fig. 14. Les colonnades de Chenavari, près de Rochemaure, fig. 17, les dikes qui sont près de

Fig. 14. *Chaussée basaltique du Volant (Ardèche).*

cette ville, fig. 15, et une multitude d'accidents de toute espèce, ne sont pas moins dignes de captiver notre attention.

Fig. 15. *Filon de basalte prismatique.*

Il s'est fait quelquefois aussi au milieu des masses basaltiques, des excavations dont quelques-unes offrent des grottes fort remarquables, limitées par des colonnades très-régulières. Il en existe une sur les bords de la Moselle entre Trèves et Coblentz, près de Bertrich-baden, dont les colonnes sont formées de pièces arrondies qui les ont fait comparer à des piles de fromages, d'où le nom de grotte des fromages (die Kasegrotte) usité dans le pays, fig. 16.

§ 24. On observe des basaltes en longues traînées se rattachant à des cratères comme les coulées de lave des volcans modernes; de manière qu'il est impossible de douter de leur origine éruptive. C'est ce que l'on voit par exemple dans le Vivarais, et, en particulier, dans la vallée d'Aulière, près de Montpezat, sur la route qui con-

Fig. 16. *Grotte des fromages à Bertrich-Baden.*

duit du haut Vivarais à Aubenas. Une partie de la *coulée* a été enlevée sur la largeur, sans doute par la force des eaux qu'elle avait arrêtées; mais le reste repose sur des cailloux roulés qui formaient jadis le fond du ruisseau; là, on peut voir sous la lave une multitude d'appendices cunéiformes qui proviennent de l'introduction de la matière liquide dans les crevasses de l'ancien sol, dégradé aujourd'hui par les eaux. On peut suivre ce courant jusqu'à la montagne d'où il est sorti, où l'on trouve un des plus beaux cônes à cratère de la contrée, et d'où l'on peut suivre une coulée semblable du côté de Thueyts.

Beaucoup de basaltes forment aussi des *nappes très-étendues* qui constituent de vastes plateaux; d'autres forment des lambeaux éparpillés sur diverses montagnes, au même niveau, se correspondant entre eux, et semblant se rattacher les uns aux autres comme des parties d'un même tout et les témoins d'une vaste nappe disloquée. Il en est encore qui forment des masses isolées, des buttes au milieu des plaines, quelquefois très-éloignées de toute autre formation du même genre. On en trouve enfin en *filons* plus ou moins puissants, tantôt encaissés dans le terrain qui les recèle, tantôt s'élevant çà et là comme des murailles, ou présentant diverses *buttes* alignées sur leur direction.

Toutes ces dispositions des dépôts basaltiques se rencontrent quelquefois ensemble dans la même contrée, en même temps que la disposition en coulée, comme cela se voit dans le Velay, le Vivarais et sur les bords du Rhin. Ailleurs, au contraire, comme dans le midi de la France, dans diverses parties de l'Allemagne et dans un grand nombre de localités, il n'y a pas la moindre trace de cônes volcaniques ou de courants. Dans tous les cas, cependant, la roche principale présente sensiblement les caractères généraux des basaltes en coulées, et semble reposer indifféremment sur toute espèce de terrain, même sur la terre végétale, comme dans quelques parties du plateau de Mirabelle dans les Coyrons.

§ 25. Les *basaltes en nappes* offrent tous les caractères des laves qui se sont arrêtées sur des terrains horizontaux; ou qui ont rempli des bas-fonds. La partie inférieure est compacte, cristalline, le plus souvent divisée en colonnes prismatiques verticales, fig. 17, et la partie supérieure est poreuse, celluleuse, scoriforme, divisée irrégulièrement, se terminant par une surface plane, sensiblement horizontale. Lorsque la masse se compose de plusieurs assises, les séparations sont quelquefois formées par de petits lits de rapilli ou fragments poreux; et, ordinairement elles se distinguent par les alternatives de matière compacte et de matière poreuse qui caractérisent chaque épanchement particulier.

Fig. 17. *Relation des basaltes prismatiques et des basaltes poreux.*

Ces caractères ne peuvent déjà laisser aucun doute sur l'origine ignée de ces dépôts; mais il en existe encore plusieurs autres. Lorsqu'on peut parvenir sous les nappes basaltiques, comme dans le cas où elles reposent sur des terrains meubles, on voit presque toujours que la partie inférieure de la masse présente une multitude d'appendices, qui pénètrent dans ce terrain, et indiquent une matière liquide qui s'est moulée dans des crevasses. Les terres sur lesquelles la masse s'est placée se trouvent souvent calcinées sur une épaisseur plus ou moins forte, et les débris de végétaux qu'elles renferment sont charbonnés, ce que l'on voit sur les escarpements du plateau de Mirabelle en Vivarais, en descendant vers Saint-Jean-le-Noir.

Les basaltes en nappes se sont en général répandus sur un sol sensiblement horizontal. Si l'on en trouve quelquefois aujourd'hui sur des pentes plus ou moins inclinées, allant même à 6, 10 ou 15°, il faut nécessairement admettre qu'elles ont été relevées après coup; car des matières fondues ne peuvent prendre une épaisseur constante et une surface unie sur de telles pentes. Or, vu la cristallinité des masses principales, les basaltes doivent avoir joui d'une grande fluidité.

Dans les *buttes basaltiques*, on trouve une composition semblable à celle que nous venons d'indiquer pour les nappes; mais la masse compacte manque quelquefois, et toute la butte se compose alors de scories; ailleurs, c'est le contraire, et le basalte proprement dit est la seule matière apparente.

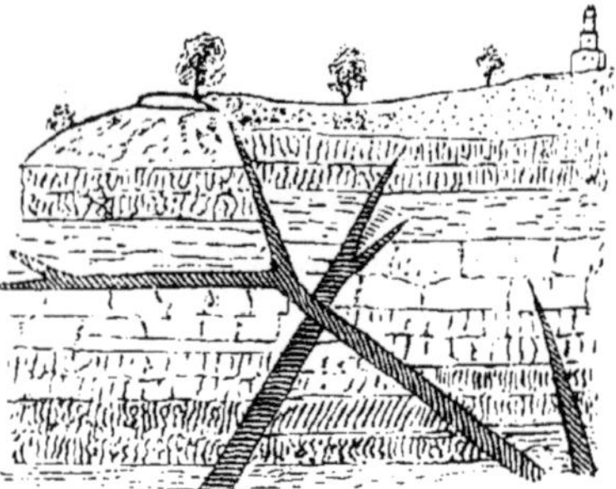

Fig. 18. *Filons basaltiques de Villeneuve-de-Berg.*

Le plus souvent les *filons basaltiques* se prolongent jusqu'à la surface du terrain, où ils présentent leurs affleurements; mais il arrive fréquemment aussi qu'ils se terminent par le haut en masses effilées, fig. 18, quelquefois bifurquées, qui se perdent dans la roche qu'elles traversent.

§ 26. Les basaltes ont exercé des actions remarquables sur les matières avec lesquelles ils ont été en contact. Nous avons cité la calcination des argiles sur lesquelles ils reposent, et la carbonisation des débris végétaux; nous devons ajouter que les granites traversés par des filons basaltiques sont fortement altérés, que les portions de ces roches qui ont été enveloppées dans le basalte sont souvent fondues à leur surface, que le quartz et le feldspath y sont fendillés, quelquefois enveloppés ou pénétrés de matière vitreuse; c'est ce que l'on voit au volcan du Pal, tant dans les buttes de scories que dans les filons et dans la coulée basaltique. Les marnes, les calcaires terreux en contact avec le basalte, ou traversés par ses filons, et surtout les fragments de ces matières entraînés dans la masse basaltique, sont convertis en calcaire compacte, approchant quelquefois de l'état saccharoïde, comme quand, sous une forte pression, suivant le procédé de sir James Hall, on les ramollit à une haute température ou qu'on les fond. C'est ce qu'on voit quelquefois à Villeneuve-de-Berg, au plateau de Mirabelle dans les Coyrons, etc. Ailleurs ces calcaires sont devenus en outre magnésiens et présentent de véritables dolomies, qui se distinguent du reste de la masse par leur lente effervescence : c'est ce qu'on indique à Rochemaure et à Chenavari, dans le voisinage des dikes; ce qu'on voit sur une plus grande échelle autour des dépôts basaltiques de Lodève et sur divers points du plateau de Larzac, où la dolomisation paraît due à la présence des produits ignés qu'on voit çà et là dans la contrée. Lorsque les filons basaltiques ont traversé des dépôts charbonneux, les argiles sont calcinées, les charbons sont privés de leur bitume et affectent une structure bacillaire, comme au Meisner en Hesse.

§ 27. Trapps. — On comprend, en général, sous le nom de trapps des roches de couleur foncée, compactes, à éléments indiscernables, qui se rapprochent des basaltes proprement dits, par leurs allures, mais qui en diffèrent parce qu'elles n'offrent pas de passage aux matières scoriacées, et qu'on n'y observe pas de péridot. Une partie au moins de ces roches paraît devoir être rattachée aux diorites, aux euphotides et aux hypérites, de la même manière que les basaltes se rattachent aux dolérites. Nous aurions dû, par conséquent, placer leur description plus haut; mais nous les avons renvoyées ici, parce que cette description sera plus intelligible après celle des basaltes.

La couleur des trapps varie du vert noirâtre, qui paraît appartenir à la roche non altérée, au brun rougeâtre et au gris. Lorsque la roche n'est pas très-compacte et prend du grain, on y distingue un élément lamelleux foncé qui peut être de l'amphibole, du diallage, de l'hypersthène ou du pyroxène, et un autre élément clair qui est un feldspath, du labrador, ou un autre silicate alumineux.

Les trapps passent facilement à la structure porphyroïde par le développement des lamelles feldspathiques; mais ils passent surtout à la structure amygdaloïde dont ils offrent de véritables types. Ils sont souvent en relation avec des filons métallifères, comme on le voit dans les gîtes de cuivre natif du lac Supérieur.

§ 28. Ces roches se présentent fréquemment en nappes horizontales et intercalées dans les formations sédimentaires, ce qui, réuni à l'absence de scories, les a fait considérer longtemps comme neptuniennes. Mais maintenant on a de nombreux exemples de filons de trapps traversant des couches stratifiées, dont ils empâtent des fragments, et sur lesquelles ils ont exercé des actions métamorphiques prononcées, et l'on a bien reconnu que les couches intercalées entre des couches stratifiées ne sont que des ramifications de filons. C'est ce qu'on voit clairement à Trotternosh, île de Sky, fig. 19.

Les trapps, comme les basaltes, ont joué un très-grand rôle dans la série des phénomènes géologiques. Ils présentent également les divisions prismatiques les plus nettes, dont on trouve des exemples frappants dans les chaussées des géants d'Irlande et la grotte de Fingal, à l'île de Staffa, fig. 20. Leur nom vient de ce qu'ils forment en Suède des masses disposées en gradins.

Fig. 19. *Injection de trapp dans les roches sédimentaires de l'île de Sky.*

Fig. 20. *Grotte de Fingal, à l'île de Staffa.*

La division prismatique des basaltes et des trapps est due évidemment au retrait pendant le refroidissement. On a de nombreux exemples de phénomènes analogues dans les produits métallurgiques. On conçoit d'ailleurs facilement qu'une plaque de constitution homogène se fissurant par retrait, doit se diviser en prismes hexagonaux réguliers; et c'est en effet cette forme que prennent les prismes basaltiques ou trappéens, quand le phénomène s'est produit sur une grande échelle.

§ 29. Nous venons de passer en revue les roches à texture granitoïde, et en même temps nous avons décrit de suite les roches à éléments indiscernables qui paraissent ne différer des premières que par la dégradation du grain, de telle sorte que leur composition doit être regardée comme connue.

Nous allons décrire maintenant les roches qui, au point de vue de la composition, pourraient être rattachées aux divers types précédents, mais pour lesquelles la dénomination générale, tirée de la structure ou du gisement, est restée jusqu'à présent dominante. Quoique nous ayons rapproché les trapps des roches de composition connues, nous devons faire remarquer qu'ils constituent déjà une catégorie de roches dénommées, en gros, d'après leur structure, et non pas d'après leur composition. La même observation pourrait être aussi appliquée aux basaltes, puisque l'élément alumineux silicaté n'y est pas constamment le labrador.

§ 30. **Roches trachytiques.** — La dénomination de *trachyte*, qui signifie âpre, s'applique à des roches feldspathiques jouissant, à raison de leur porosité, d'une âpreté au toucher tout à fait caractéristique. Elle s'étend à d'autres roches plus compactes qui se lient intimement aux premières par des passages insensibles. Ces roches sont d'ailleurs très-variées de composition[1]. Un assez grand nombre, principalement en Europe, sont à base d'orthose, mais d'autres, comme les trachytes des Andes, des Canaries, sont à base d'oligoclase ; d'autres enfin sont à base de labrador.

Quelle que soit la nature du feldspath, la pâte du trachyte est formée de cristaux microscopiques enchevêtrés dont l'ensemble constitue une masse plus ou moins compacte, mais ordinairement finement poreuse, et quelquefois caverneuse, scoriacée, ponceuse. Les couleurs les plus fréquentes sont le gris, le gris jaunâtre.

La pâte trachytique contient presque toujours des cristaux de feldspath très-développés, mais à un état particulier, *vitreux* et fendillé. On y observe en outre du quartz, du mica noir, de l'amphibole hornblende, et plus rarement du pyroxène augite. Le quartz et le pyroxène paraissent s'exclure l'un l'autre.

§ 31. Les trachytes passent fréquemment à des roches qui ont tout à fait la structure porphyrique, dont la pâte est plus ou moins cristalline, mais toujours assez caverneuse, et que l'on appelle *porphyres trachytiques*.

Certaines variétés de trachytes dont les éléments sont faiblement agrégés, et qui ont en quelque sorte une texture terreuse, prennent le nom de *domite*, parce que le puy de Dôme en est composé.

1. On les avait d'abord considérées généralement comme albitiques ; mais cette manière de voir est maintenant abandonnée, ainsi que l'opinion d'après laquelle tous les feldspaths des trachytes appartenaient à une seule espèce appelée rhyacolithe.

Les *phonolithes* sont des roches analogues à certains trachytes compactes, mais qui en diffèrent en ce qu'elles renferment une partie zéolithique[1], attaquable par les acides. Elles présentent des matières grisâtres ou verdâtres, quelquefois porphyroïdes, mais dans lesquelles les substances disséminées sont rares. Elles se divisent fréquemment en plaques, en feuillets plus ou moins épais, sonores sous le marteau, d'où le nom de *phonolithe* ou *klingstein.*

§ 32. La tendance à la vitrification, qui se manifeste à tous les degrés dans les trachytes, a prédominé dans certaines localités, où l'on voit les trachytes passer aux perlites et aux obsidiennes.

Les *perlites* sont des masses vitreuses, principalement grises ou verdâtres, et présentant de petits nœuds arrondis qui ont quelque ressemblance avec des perles.

Les *obsidiennes* ressemblent complétement à des verres ou laitiers de haut-fourneau d'un noir verdâtre ou brunâtre plus ou moins foncé. Comme il a été dit plus haut, ces masses vitreuses, en devenant celluleuses et scoriacées, passent aux *ponces*, qui sont généralement d'un gris clair à cause de leur grande porosité. Il est à remarquer que les laitiers, au contact de l'eau, fournissent des produits tout à fait analogues aux ponces naturelles, qui ont seulement, de plus, le caractère de masses étirées.

§ 33. Les trachytes forment de puissantes montagnes le plus souvent réunies en groupes très-étendus, qui composent des masses très-élevées, ordinairement les plus hautes de la contrée, couvertes d'aspérités, et dont les flancs sont déchirés par des vallées et des gorges profondes à pentes escarpées. Ils occupent des étendues immenses à la surface du globe, et sont ordinairement accompagnés de terrains de remaniement dits *conglomérats trachytiques*, comme en Hongrie, dans le Cantal, etc. La disposition générale des trachytes et des conglomérats qui s'y rattachent, présente des analogies frappantes avec certaines formations volcaniques modernes, dont les produits sont précisément trachytiques.

§ 34. **Roches porphyriques.** — Les différentes roches que nous avons décrites à l'état granitoïde, passent, dans certains cas, à des roches porphyroïdes qui se présentent d'ailleurs isolément, et que l'on peut grouper autour des types suivants :

Porphyres quartzifères. — Leur pâte est plus ou moins compacte; elle devient fréquemment grenue et même un peu lamelleuse. Sa couleur la plus habituelle est le rouge avec toutes ses nuances.

1. Le nom générique de zéolithe s'applique aux silicates alumineux *hydratés* qui *bouillonnent* lorsqu'on les fond au chalumeau, et sont attaquables par les acides.

Mais cette couleur paraît être souvent due à une altération de la roche qui, dans les parties plus vives, offre des teintes verdâtres ou bleuâtres. On observe encore le brun foncé.

Les cristaux, qui sont en général de l'orthose, se détachent presque toujours en clair sur la pâte, et sont même souvent presque blancs. Quelquefois les cristaux appartiennent à deux espèces feldspathiques : l'orthose et l'oligoclase (voy. les caractères indiqués plus haut, § 9).

Le quartz, qui est un élément essentiel de la roche, se présente en petits nodules hyalins dont la section par la cassure est fréquemment polygonale. Quand la pâte est assez altérée pour que ces nœuds de quartz se détachent facilement, on reconnaît qu'ils affectent la forme d'un dodécaèdre bipyramidal, fig. 21.

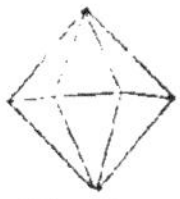

Fig. 21.

Outre ces éléments essentiels, les porphyres quartzifères contiennent fréquemment du mica en proportion variable et quelquefois très-grande. Mais le mica des porphyres est rarement aussi bien cristallisé que celui des granites. Souvent, il est en masses prismatiques ou amorphes, presque compactes, dont la nuance est le plus ordinairement le vert foncé. On trouve ensuite dans les mêmes roches de l'amphibole, beaucoup plus rare que le mica, et quelques minéraux disséminés, tels que la pyrite.

§ 35. Porphyres feldspathiques. — On donne particulièrement ce nom aux porphyres feldspathiques non quartzifères. Dans ces porphyres les cristaux sont exclusivement ou principalement de l'oligoclase, que l'on reconnaît à ses stries; ils se détachent en clair; le mica est moins fréquent, et l'amphibole hornblende, au contraire, est souvent disséminée en abondance. La pâte est ordinairement de couleur foncée; le porphyre rouge antique est un bon type de ce genre de porphyres.

Certains de ces porphyres feldspathiques paraissent être des roches métamorphiques, les autres sont d'origine éruptive, comme les porphyres quartzifères.

§ 36. On observe des passages de tous les porphyres *quartzifères* ou *feldspathiques* aux eurites, c'est-à-dire aux roches feldspathiques à éléments indéterminables, aux pétrosilex et aux rétinites.

Les mêmes porphyres sont fréquemment très-altérés à la surface; la pâte est plus ou moins kaolinisée, et exhale une odeur argileuse très-prononcée par l'insufflation; on les appelle alors *porphyres argileux* ou *argilophyres*.

Lorsqu'ils ne sont pas altérés, ils éclatent sous le marteau et forment des rochers à angles vifs. Ils sont ordinairement fissurés et quelquefois d'une manière régulière qui rappelle la division prismatique des basaltes.

§ 37. Porphyres dioritiques. — Ce sont des porphyres dont la pâte est une diorite à grains fins, passant à la cornéenne; les cristaux feldspathiques disséminés appartiennent à l'oligoclase ou même au labrador. Les *ophites* des Pyrénées rentrent dans cette catégorie.

§ 38. Mélaphyres. — La pâte de ces porphyres paraît composée de labrador et de pyroxène intimement mélangés. Elle est toujours très-foncée et souvent tout à fait noire, mais avec un reflet verdâtre, bleuâtre ou violacé, plus ou moins marqué. Les cristaux sont du labrador; tantôt blancs et nettement circonscrits, tantôt fortement colorés en vert et se fondant dans la pâte, ils sont presque toujours maclés de manière à donner une ou plusieurs gouttières par le clivage, suivant la base du prisme; mais souvent le feldspath n'est pas assez lamelleux pour que ce caractère soit très-net; il reste alors la forme générale des coupes de cristaux, qui présentent ordinairement des groupes de rectangles allongés parallèles, fig. 22.

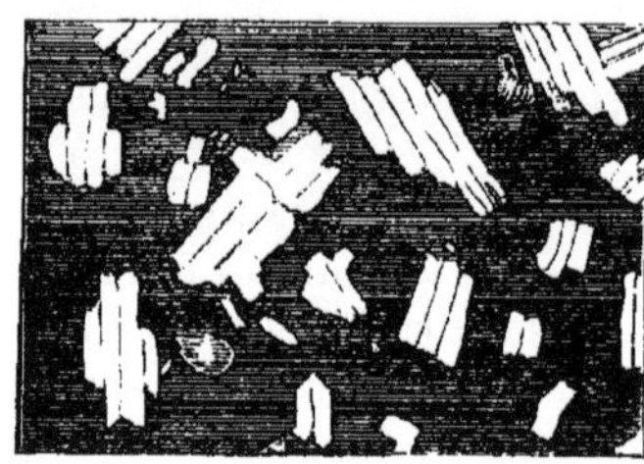

Fig. 22. *Feldspath labrador dans les mélaphyres.*

Quelques cristaux de pyroxène augite plus ou moins nets sont disséminés dans la masse, qui contient en outre fréquemment du fer oxydulé, visible ou invisible, mais sensible par l'action sur l'aiguille aimantée. Le porphyre vert antique fournit un bon type de ces mélaphyres, mais il existe encore beaucoup de sortes de roches plus riches en pyroxène et en même temps d'une texture plus cristalline, auxquelles on applique encore le nom de mélaphyre ou de porphyre pyroxénique; ces porphyres passent d'un autre côté à des roches noires compactes qu'on appelle encore *aphanites*, et que l'on distingue difficilement des aphanites amphiboliques, limites des diorites et des porphyres dioritiques. Les roches plus ou moins compactes passent ensuite à des amygdaloïdes.

Les mélaphyres ont exercé des actions métamorphiques très-remarquables en particulier, la transformation des calcaires en dolomie. Ils sont d'ailleurs en relation avec un grand nombre de gîtes métallifères (les gîtes de plomb, de zinc, etc.).

§ 39. La plupart des roches diallagiques et une partie des roches hypersthéniques doivent être rapprochées des mélaphyres, tant pour la structure porphyroïde que pour les circonstances de gisement. Les roches diallagiques établissent, en quelque sorte, la liaison entre les roches pyroxéniques ou amphiboliques et les roches serpentineuses. Enfin les trapps et les basaltes prennent souvent la structure porphyroïde.

§ 40. Les roches porphyriques qui viennent d'être décrites, présentent dans leur gisement plus ou moins d'analogie avec les diverses roches, trachytes, basaltes, trapps, décrites plus haut, dont l'origine éruptive est parfaitement établie. Elles se montrent en mamelons ou filons qui percent les roches de toutes sortes; et forment aussi la masse des terrains dans certaines régions étendues. Elles sont souvent accompagnées, comme les trachytes, de conglomérats et quelquefois même de matières scoriacées.

Les roches porphyriques non altérées, dont la pâte est compacte, sont utilisées comme matières dures susceptibles d'être polies pour pièces de décoration architecturale et objets divers. Un grand nombre présentent des fonds de nuances riches et uniformes, agréablement accidentées par les cristaux. Elles ont été surtout recherchées par les anciens, d'où vient le surnom d'antique donné à quelques-unes.

§ 41. **Roches variolitiques.** — La structure variolitique ou globuleuse n'est qu'une structure porphyroïde imparfaite; ainsi à côté des porphyres quartzifères, on peut placer les *pyromérides*, formées d'une pâte feldspathique compacte quartzifère avec nodules de feldspath et de quartz radiés, plus ou moins gros. La régularité de disposition des nodules rend très-remarquables certaines *pyromérides*, principalement celles de Corse.

A côté des porphyres feldspathiques, on peut placer de même les roches globuleuses peu ou point quartzifères dites *feldspaths glanduleux*. Enfin, les roches plus spécialement appelées *variolites*, comme la variolite de la Durance, paraissent se rattacher, par leur composition et leur gisement, aux euphotides, aux porphyres dioritiques et aux serpentines; ces roches sont vertes, les nodules plus durs que la pâte et d'une couleur plus claire se détachent en saillie sur les galets roulés; c'est de là que vient le nom de variolite. En général, ni la pâte, ni les nodules ne présentent des caractères assez nets pour les rapprocher d'espèces minéralogiques bien définies. Cependant la diorite orbiculaire de Corse est une variolite dont la pâte et les noyaux sont composés de feldspath et d'amphibole cristallins.

§ 42. **Roches amygdaloïdes.** — Les roches pyroxéniques ne prennent pas la structure variolitique; mais, en quelque sorte par compensation, elles passent fréquemment à des amygdaloïdes, dont la structure présente au premier abord quelque analogie avec celle des variolites, mais dont la formation est due évidemment à une cause toute différente. Certaines amygdaloïdes paraissent aussi se rattacher aux roches dioritiques ; mais ce sont les trapps, les mélaphyres et les basaltes qui fournissent les mieux caractérisées. Les pâtes des amygdaloïdes sont ces dernières roches, plus ou moins porphyroïdes, devenues bulleuses.

Les noyaux des amygdaloïdes des mélaphyres sont principalement formés de chaux carbonatée spathique et de silice. La roche est elle-même presque complétement imprégnée de calcaire et fait effervescence dans toutes ses parties. On lui donne souvent le nom de *spilite.*

Les noyaux des amygdaloïdes basaltiques sont principalement formés d'arragonite et de zéolithes.

Les noyaux des trapps amygdaloïdes sont les plus variés. Ils offrent la plupart des zéolithes cristallisées en géodes avec des enveloppes de chlorite. D'autres cavités sont remplies de quartz concrétionné ou agate : d'autres enfin, sont complétement remplies de chlorite ou d'une matière verte tendre et amorphe dite terre de Vérone ; les agates d'Oberstein sont exploitées dans un trapp amygdaloïde.

Les amygdaloïdes se trouvent en général sur les bords des masses éruptives, près de leur contact avec les autres terrains.

§ 43. **Roches volcaniques.** — Le nom de *lave* s'applique aux roches fondues qui sont vomies par les volcans actuels. En général

Fig. 23. *Plan de l'Etna et de ses environs.*

ces roches coulent sur les pentes des cônes volcaniques, en formant par leur refroidissement superficiel des traînées de *scories*, et viennent s'étendre en nappes dans la plaine, comme on le voit très-bien pour la lave de 1832, dans la fig. 23, réduction du plan de l'Etna dressé par M. Elie de Beaumont.

La formation des scories mérite de nous arrêter. Après sa sortie du sein de la terre, la matière en fusion se refroidit bientôt à l'extérieur, se solidifie, en se ridant et se gerçant de toutes les manières, et acquiert ainsi une croûte, ordinairement poreuse, dont l'épaisseur devient de plus en plus considérable. Cette croûte empêche le liquide, ou la pâte qu'elle enveloppe, de s'étendre en largeur, et permet dès lors au courant de conserver une certaine épaisseur; de plus, elle préserve, par son peu de faculté conductrice, la partie inférieure de la lave contre le refroidissement, qui par là peut devenir extrêmement lent. Si, après le refroidissement extérieur, la source volcanique continue à fournir, l'écoulement se fait dans l'espèce de sac consolidé qui s'est formé; sac qui se tourmente alors de toutes les manières, se disloque et se rétablit successivement : de là, torsion, cordellement et irrégularités diverses dans le courant de lave. Quand la source vient à tarir, la matière qui en est sortie n'en continue pas moins à s'écouler dans le sac qui la renferme; mais celui-ci s'aplatit successivement, et le milieu s'affaisse en laissant un bourrelet plus ou moins élevé sur ses bords : c'est ce qui se manifeste d'abord à la partie supérieure de la coulée; puis successivement jusqu'au point où la matière liquide, devenant de plus en plus visqueuse, n'a plus la force de tirer après elle les parties solides qui se forment, de les briser et de les pousser en avant. La lave s'arrête alors au fond du sac, qui se termine par un culot plus ou moins épais, fig. 24.

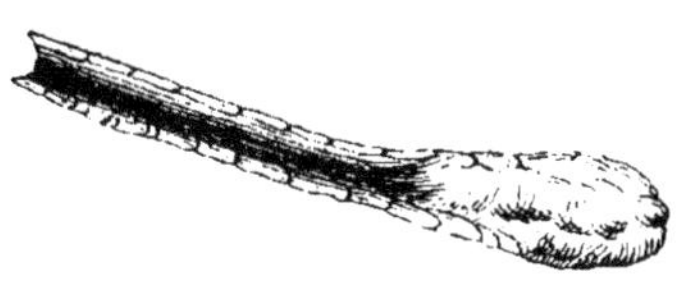

Fig. 24. *Culot de lave arrêté sur une pente.*

Les laves se rapportent à des types de roches très-variés, principalement aux différentes sortes de *trachytes* et aux *basaltes*; on distingue les laves *compactes* ou *lithoïdes* et les laves *poreuses* ou *scoriacées*. Elles ne peuvent, ni par leur composition, ni par leur structure, constituer un genre lithologique; mais nous leur avons consacré un article spécial, en raison de leur origine et de leur manière d'être communes.

Les matières des laves en petits fragments scoriacés ou *rapilli*, et à l'état de *cendres*, projetées par les volcans, forment autour d'eux des *tufs volcaniques*, dont certaines variétés, dites *pouzzolanes*, sont précieuses pour la fabrication des mortiers hydrauliques.

§ 44. **Observations générales sur les roches éruptives ou de cristallisation.** — Si l'on considère que la silice joue le rôle d'acide dans les silicates, on voit que les roches granitoïdes ont été rangées dans l'ordre d'acidité, depuis les granites jusqu'aux dolérites. Les granites en effet nous offrent du quartz, c'est-à-dire de la silice libre en grand excès, et comme feldspath dominant, le plus riche en silice, l'orthose ; les dolérites au contraire sont composées du feldspath le plus pauvre en silice, le labrador, ou d'un silicate alumineux analogue, et de pyroxène, silicate à peu près aussi basique ; et ensuite, au lieu de quartz, ou silice libre, elles contiennent un silicate très-basique, le péridot, et du fer oxydulé, c'est-à-dire de la base libre. Cette opposition remarquable a été signalée depuis longtemps par M. Élie de Beaumont, comme l'une des bases des théories chimiques de la géologie. Dans les roches intermédiaires, l'orthose fait place à l'oligoclase, qui fait place à son tour au labrador. Le quartz disparaît avec l'oligoclase et, par compensation, les silicates calcaires, magnésiens et ferreux, l'amphibole, le pyroxène, etc., apparaissent ou augmentent en proportion.

On voit aussi que les roches porphyroïdes ont été rangées dans le même ordre, depuis les porphyres quartzifères, jusqu'aux mélaphyres et aux basaltes porphyroïdes. Enfin, on peut former une série semblable dans les roches à texture grenue ou compacte, depuis les eurites les plus siliceuses, jusqu'aux basaltes, par les cornéennes et les trapps. Quelle que soit l'exactitude des correspondances de composition à établir entre les divers termes de ces trois séries rangées parallèlement, on reconnaît que parmi les trois termes les plus acides, granites, porphyres quartzifères et eurites, qui peuvent être regardés comme des masses de compositions moyennes très-voisines, à raison des passages fréquents de l'un à l'autre, les roches à texture granitoïde, les granites, sont de beaucoup les plus répandus. On reconnaît aussi que parmi les termes les plus basiques, les roches à texture grenue ou compacte, les basaltes, sont au contraire dominantes. Et si l'on tient compte semblablement de l'importance relative des roches intermédiaires des trois séries, on aperçoit que la tendance à la cristallinité, dans les roches, paraît croître avec leur acidité et inversement.

§ 45. On peut remarquer encore que la structure variolitique, qui n'est qu'une structure porphyroïde dégradée, se présente dans les roches les plus acides, mais ne se rencontre pas dans les roches les plus basiques, qui par contre, passent fréquemment à l'état amygdaloïde tout à fait étranger aux premières. Il faut bien faire attention, à l'égard des roches basiques, que le quartz qui s'y rencontre en rognons géodiques ou en veines, n'est pas considéré ici comme partie essentielle de la masse de la roche, dont il paraît avoir rempli les cellules postérieurement à la consolidation de la pâte.

D'un autre côté, on reconnaît que la proportion de l'élément alcalin va en décroissant des roches acides aux roches basiques, et que cette diminution est compensée par un accroissement dans la proportion de l'élément alcalino-terreux et surtout de l'élément ferrugineux, qui détermine un accroissement de densité correspondant. Ainsi la pesanteur spécifique des roches les plus acides est voisine de 2,5; tandis que celle des roches très-basiques atteint et dépasse 3.

La prise en considération des roches trachytiques et des roches vitreuses qui offrent, elles aussi, différents degrés d'acidité, donnerait lieu de faire de nouvelles observations. Mais ce que nous venons de dire suffit pour justifier l'ordre suivi dans la description des roches éruptives ou de cristallisation, et fixer ainsi les idées sur cette description.

Nous ajouterons seulement que les plus anciennes roches éruptives appartiennent aux granites, et qu'au contraire, les basaltes se sont répandus à des époques assez récentes, afin de faire pressentir la liaison de toutes les notions géologiques avec les considérations purement lithologiques du genre de celles que nous venons d'indiquer.

ROCHES SÉDIMENTAIRES.

§ 46. **Généralités. — Structures.** — On doit distinguer deux causes différentes de formation des dépôts sédimentaires : la *précipitation mécanique* et la *précipitation chimique*.

Les dépôts de *précipitation mécanique* sont composés de détritus de roches préexistantes, plus ou moins reconnaissables; ces détritus ont été évidemment entraînés en *suspension* dans les eaux courantes, puis se sont déposés par suite du ralentissement ou de la stagnation complète de ces eaux. Ils ont formé, dans le dernier cas, des couches simples et homogènes à éléments fins. Dans le premier, au contraire, des couches à éléments plus ou moins grossiers présentant souvent des strates obliques secondaires qui résultent de talus d'éboulement progressifs. La figure 25 montre un terrain qui a été déposé successivement dans ces différentes circonstances.

Fig. 25. *Structure produite par l'entraînement des matières.*

La texture des dépôts de précipitation mécanique est dite *arénacée*, parce que les sables en fournissent le type; mais ce mot ne comporte pas nécessairement l'idée de mobilité des éléments ; au contraire, la plupart des dépôts arénacés sont des roches plus ou moins consolidées, les *grès* par exemple. On n'applique guère le nom de roches aux dépôts tout à fait meubles qui constituent principalement les terrains superficiels dits *de transport*.

D'autres dépôts, les calcaires principalement, offrent des masses, plus ou moins compactes, mais d'une homogénéité *chimique* qui ne peut résulter que de l'accumulation d'une matière *précipitée d'une dissolution*. Il faut remarquer seulement que la précipitation a souvent eu lieu en très-grande partie, sinon en totalité, par l'*intermédiaire d'êtres organisés*, qui ont laissé alors dans la roche des traces de leur organisation.

La distinction que nous venons de faire, très-importante en principe, n'est du reste que rarement susceptible d'une application rigoureuse. Dans la plupart des roches sédimentaires on reconnaît l'action simultanée des deux modes de précipitation, avec seulement prédominance de l'une d'elles. C'est ainsi que les grès sont ordinairement consolidés par des ciments siliceux ou calcaires, et que d'un autre côté les calcaires contiennent souvent une proportion considérable de sable ou d'argile.

§ 47. Quel que soit le mode de formation des dépôts sédimentaires, ils contiennent généralement des restes ou des empreintes de corps organisés, animaux ou végétaux, qui ne constituent plus alors un caractère intime de la roche, comme les traces dont nous parlions tout à l'heure; mais qui par leur présence habituelle et leur distribution spéciale, deviennent des caractères empiriques très-commodes, souvent même véritablement essentiels, pour la distinction des couches d'un même terrain, et pour la reconnaissance de ces couches, lorsqu'on passe d'une localité à une autre, sans les suivre continuement.

Ces restes organiques que l'on comprend sous la dénomination générale de *fossiles* [1], sont comparables aux médailles que l'on retrouve dans les remblais ou atterrissements des anciens temps historiques et qui en déterminent l'âge et l'origine. Quelques-uns caractérisent de véritables *horizons géologiques* dans la série des dépôts sédimentaires.

1. Les fossiles sont l'objet d'études spéciales au point de vue zoologique et botanique ; études qui ont pris maintenant assez de développement pour constituer une branche de l'histoire naturelle, la paléontologie. Après la minéralogie, la paléontologie est la science la plus nécessaire pour la préparation aux études géologiques.

Les fossiles indiquent encore si les dépôts se sont formés dans des lacs d'eau douce ou dans la mer.

§ 48. La disposition stratifiée des roches sédimentaires se manifeste par la variation de nature des lits successifs. Dans certains cas, cette variation ne porte que sur la dureté, la force d'agrégation des éléments; dans d'autres, il y a changement de composition, mais peu important, sensible seulement par un changement de couleur; dans d'autres enfin, la nature de la roche change complétement. C'est ainsi qu'on voit fréquemment se succéder dans un même escarpement une série de couches alternantes de calcaire et d'argile. Le passage d'une roche à une autre se fait par tous les modes, depuis le passage insensible jusqu'à la transition brusque et complète avec surface de séparation nette. On reconnaît, du reste, souvent que le changement de nature en grande masse est en quelque sorte préparé par une série d'*alternances*.

Les dépôts sédimentaires forment généralement le sol des plaines ou des plateaux et y présentent ordinairement la stratification ho-

Fig. 26. *Escarpement produit par les eaux courantes.*

Fig. 27. *Escarpement produit par l'action des vagues.*

rizontale; leur structure en grand ne se montre alors que dans les escarpements naturels produits par le ravinement des eaux courantes actuelles, fig. 26, l'action des vagues sur les bords de la mer, fig. 27, ou encore les grandes érosions qui ont sillonné anciennement la surface du globe. On voit naturellement dans ces escarpements les couches faire plus ou moins de saillie, suivant leur plus ou moins grande solidité, fig. 28.

Fig. 28. *Dégradation inégale des couches.*

Les tranchées artificielles des carrières, des chemins de fer, etc., sont ensuite d'un grand secours pour l'étude de ces dépôts restés dans leur situation normale.

Dans les montagnes ou dans leur voisinage, on observe des dépôts qui ont tous les caractères des dépôts sédimentaires des plaines, mais dont les couches sont accidentées, plissées, comme le montre la vue suivante du Jura, fig. 29. Souvent aussi les couches sont

Fig. 29. *Contournements du Jura. Vallées de plissement.*

disloquées par des *failles*, c'est-à-dire par des fentes accompagnées de déplacements, comme on le voit dans la coupe suivante d'un terrain houiller, fig. 30. Ces roches des terrains ainsi bouleversés présentent ordinairement un commencement de modification et passent aux roches métamorphiques, dont nous parlerons en dernier lieu.

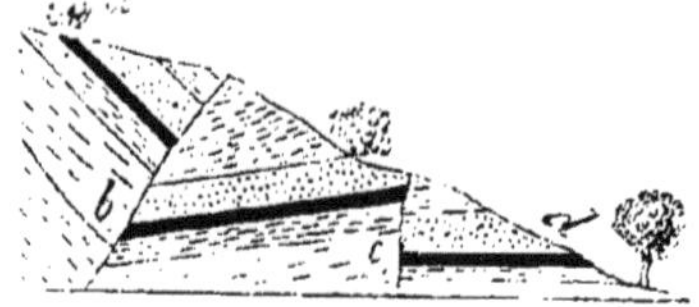

Fig. 30. *Couche disloquée par les failles.*

Nous donnons les roches sédimentaires non altérées en commençant par celles de précipitation mécanique.

§ 49. **Roches arénacées.** — Les roches arénacées les plus grossières reçoivent les noms de *brèches* quand les fragments qui les composent sont anguleux, et de *poudingues* quand les fragments sont arrondis comme des galets. Ces fragments peuvent être de plusieurs natures dans une même masse, et provenir d'ailleurs de toute espèce de roches. Cependant, ils sont rarement calcaires dans les poudingues. Leur dimension peut aller à plus d'un mètre cube. Quant au ciment, il est principalement calcaire ou siliceux, surtout dans les brèches, qui sont d'ailleurs le plus souvent des roches métamorphiques. Dans les poudingues, il consiste fréquemment en détritus de même nature que les fragments, mais réduits en pâte fine.

§ 50. Les *grès* sont les roches arénacées dont les grains sont compris entre la plus petite dimension distincte et la grosseur d'un pois. Ces grains peuvent aussi provenir de toute espèce de roches; mais ce sont presque toujours des fragments minéralogiquement simples, et principalement les minéraux élémentaires des granites, le quartz, les feldspaths plus ou moins altérés et les micas. Le quartz est de beaucoup le plus abondant; le ciment est calcaire, siliceux ou argileux. Dans le premier cas, on le reconnaît par l'effervescence avec les acides; dans le second par la dureté de la roche; dans le troisième, par l'aspect, la mollesse relative et l'odeur caractéristique de l'argile, sous l'insufflation.

On observe dans des couches de sable exclusivement quartzeux des parties diverses consolidées par ces différents ciments, par exemple, aux environs de Fontainebleau. Quand le ciment siliceux est abondant, il peut donner une roche à cassure lustrée dont le grain devient tout à fait insensible. Quelquefois le ciment calcaire cristallise et produit des groupes rhomboédriques. Ces sortes de sables ou de grès contiennent, dans certaines localités, des têts de coquilles parfaitement conservés. Il arrive aussi que le ciment devient plus ou moins ferrugineux, et que la roche prend une couleur rouge plus ou moins foncée.

On désigne assez communément sous le nom de *psammites*, les grès très-micacés dans lesquels le mica détermine une espèce de fissilité ou de schistosité parallele au plan de stratification.

§ 51. Quelques grès ont reçu des noms particuliers d'après leur composition assez constante.

Le *grès houiller*, ainsi nommé parce que c'est au milieu de ses dépôts que se trouve la houille, est en général formé d'une accumulation de grains quartzeux et feldspathiques réunis par un ciment argileux plus ou moins micacé, ordinairement grisâtre; il passe à des *argiles schisteuses* et à des *schistes bitumineux*, qui ne sont que des grès très-fins.

Le *grès rouge*, plus moderne que le grès houiller, présente souvent un ciment argileux et sablonneux, de couleur rouge, qui empâte des galets de quartz, de quartzite, de schiste argileux, de porphyre, de granite, etc., souvent réduits à l'état de grains fins, parmi lesquels on distingue le feldspath par sa décomposition en kaolin. Ces grès passent souvent au porphyre par des parties argileuses plus compactes qui finissent par renfermer des cristaux de feldspath, et qu'on nomme *argilolite* et *argilophyre*.

Le *grès bigarré*, ordinairement à grains fins, est encore en général de couleur rouge; mais, en grand, il passe par toutes les teintes, et surtout se trouve intercalé avec des argiles ou des marnes rouges, violâtres, verdâtres, qui donnent à la masse une bigarrure de couleurs plus ou moins remarquable.

Le *grès vert* prend sa dénomination de la grande quantité de petits grains verts qu'il renferme; il est presque toujours calcarifère, et passe par toutes les nuances à la craie verte, avec laquelle il se trouve. Il est d'ailleurs riche en fossiles, parmi lesquels nous citerons des *inocerames*, fig. 31.

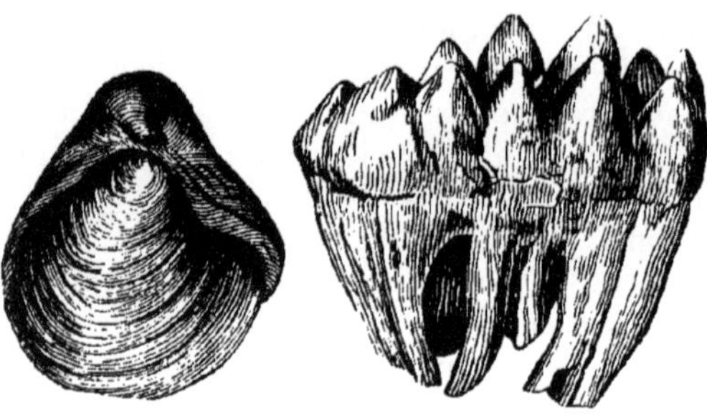

Fig. 31. *Inoceramus concentricus.* Fig. 32. *Dent de mastodonte très-réduite.*

La *molasse* est un grès fin, renfermant aussi des grains verts, qui est plus ou moins argileux et calcaire, et qu'on trouve dans les terrains de sédiment les plus modernes. Elle renferme beaucoup de coquilles entières ou brisées et d'autres débris animaux, par exemple des dents de *mastodontes*, fig. 32.

§ 52. Dès que les grès sont un peu grossiers, les empreintes animales y sont rares et confuses. Beaucoup de grès n'en contiennent d'ailleurs aucune, quelle que soit leur texture; les empreintes végétales sont plus fréquentes, souvent même très-nombreuses et assez bien conservées : elles sont accompagnées des résidus charbonneux des végétaux eux-mêmes.

Les grès sont employés comme matériaux de construction lorsqu'ils sont fins, homogènes et d'une dureté moyenne, mais c'est à défaut de bonne pierre calcaire. Les grès quartzeux et tenaces sont excellents pour le pavage, parce qu'ils ne se polissent pas et donnent toujours prise aux pieds des chevaux. La même qualité, de s'user en gardant une surface grenue, et la dureté des grains, supérieure à celle de l'acier, leur assignent un autre usage spécial : ils fournissent les meules à aiguiser.

§ 53. **Roches argileuses.** — Les *argiles* proprement dites [1]

1. Les argiles sont des silicates d'alumine plus ou moins hydratés qui se présentent en masses terreuses, absorbant l'eau, faisant pâte avec elle, susceptibles de durcir au feu. Quand elles sont sèches, elles happent à la langue et donnent une odeur caractéristique sous l'insufflation.

forment des couches importantes : mais le plus ordinairement elles constituent, par leur mélange avec des éléments divers très-ténus, des *roches argileuses*, dans lesquelles leurs propriétés sont plus ou moins masquées.

La propriété la plus persistante est l'odeur que répandent toutes les matières argileuses sous l'insufflation. Mais ensuite les autres propriétés physiques se reconnaissent à divers degrés. Les roches argileuses tirées du sein de la terre sont toujours plus ou moins plastiques et imperméables; par la dessiccation elles éprouvent un retrait considérable et se délitent souvent en parallélipipèdes irréguliers, en feuillets ou en écailles ; leur couleur la plus habituelle est le gris, mais on en connaît de parfaitement blanches, de noires, de jaunes, de rouges, de bleuâtres, de vertes, de violettes, enfin de presque toutes les nuances.

Les matières mélangées aux argiles sont : le sable quartzeux d'abord, puis des silicates, en général alumineux et ferrugineux. Ces matières pourraient à la rigueur se séparer mécaniquement, mais les roches argileuses contiennent encore des substances mélangées plus intimement : tantôt la silice à l'état gélatineux, que l'on ne peut séparer que par un dissolvant alcalin, tantôt le calcaire, que l'on ne peut séparer que par un dissolvant acide.

Les roches argileuses qui contiennent une proportion notable de calcaire prennent le nom d'*argiles marneuses*.

Dans les roches arénacées où les éléments feldspathiques sont importants, l'altération de ces éléments croît ordinairement avec le degré de finesse du grain, et l'on peut suivre le passage de ces roches aux roches argileuses qui en sont en quelque sorte les limites. On conclut de là que les argiles sont les produits de l'altération des éléments feldspathiques provenant ordinairement des roches éruptives ou cristallines.

Les argiles et les marnes contiennent ordinairement des restes organisés très-bien conservés.

Ainsi certaines couches argileuses contiennent un nombre immense

Fig. 33. *Belemnites pistiliformis.*

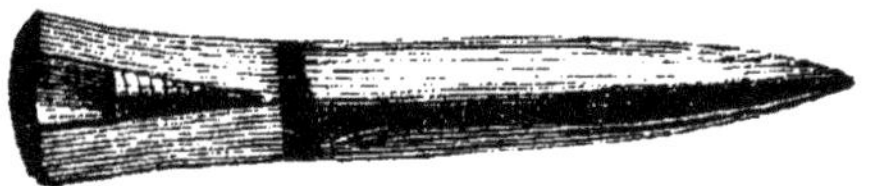

Fig. 34. *Belemnites paxillosus.*

de *belemnites*, fig. 33, 34, des *ammonites*, fig. 35; d'autres contiennent beaucoup de *térébratules*, fig. 35 *bis;* d'autres sont pétries de petites *gryphées* ou *exogyres*, fig. 36. Au contact des couches de

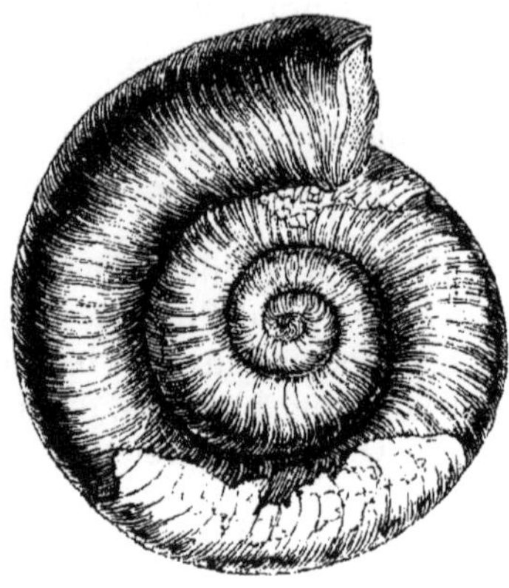

Fig. 35. *Ammonites Walcotti.*

Fig. 37. *Nevropteris Loshii.*

Fig. 36. *Evogyra virgula.*

Fig. 35 *bis. Terebratula Thurmanni.*

Fig. 38. *Sigillaria pachyderma.*

Fig. 39. *Walchia Schloteimii.*

combustible, on trouve ordinairement des lits de *grès argi-*

leux, fin, micacé et feuilleté, fortement coloré en noir par des matières charbonneuses et offrant une foule d'empreintes végétales, par exemple, des *fougères*, fig. 37, des *cycadées*, fig. 38, des *conifères*, fig. 39.

Les roches argileuses affectent souvent une structure tout à fait schisteuse, dans le sens de la stratification, qui paraît être le résultat de leur mode de dépôt, ou du moins de leur mode de gisement normal. On les désigne alors sous le nom d'*argiles schisteuses*. Elles passent d'ailleurs par le métamorphisme aux *schistes argileux* que nous retrouverons aux roches métamorphiques.

§ 54. Les roches argileuses sont déjà d'une grande utilité, en place; elles arrêtent les eaux qui traversent les terrains de sédiment et les réunissent en courants souterrains, d'où jaillissent les sources.

On les exploite d'ailleurs pour une foule d'usages. Les argiles grossières et colorées, appelées *glaises*, sont employées pour la fabrication des briques et des poteries communes. Certaines argiles blanches très-pures, dites *terres de pipe*, servent à fabriquer des poteries fines. D'autres argiles très-pures, quoique grises, fournissent la matière des poteries réfractaires pour la verrerie, etc.

Les *terres à foulon* sont encore des argiles, plus hydratées que les précédentes, moins plastiques, fusibles; mais qui, en revanche, jouissent de la propriété d'absorber les graisses, et sont utilisées en conséquence pour le dégraissage des tissus.

En mentionnant ici ces roches, pour terminer ce qui est relatif aux argiles, nous devons faire observer qu'elles ont les caractères de dépôts chimiques, et qu'à raison de leur mode de gisement, elles pourraient être classées parmi les dépôts adventifs.

§ 55. **Roches calcaires.** — Le *carbonate de chaux* ou *calcaire* constitue une grande partie des dépôts qui affleurent à la surface du globe. Il offre des variétés assez nombreuses; mais qui jouissent toutes de la propriété essentielle de faire effervescence avec les acides (le vinaigre compris) et se laissent d'ailleurs généralement rayer au couteau avec facilité.

Les terrains sédimentaires non modifiés offrent des *calcaires compactes* très-homogènes, à cassure conchoïdale unie et sans aucune tendance à la cristallinité. La couleur de ces calcaires varie habituellement du gris jaunâtre clair au gris bleuâtre ou gris de fumée assez foncés. Quelques-uns sont colorés par une très-petite quantité de bitume qui leur donne une odeur fétide sous le marteau; d'autres sont colorés en rouge ou en brun par les oxydes de fer. D'autres enfin contiennent une petite proportion d'argile, à laquelle ils doivent sans doute de se laisser légèrement mouiller et de prendre un poli mat. Lorsqu'ils sont d'un grain bien uniforme, ils fournissent alors les *pierres lithographiques*.

Les calcaires compactes sont tantôt complétement dépourvus de fossiles, tantôt, au contraire, criblés de têts de coquilles spathisés, c'est-à-dire transformés en calcaire lamelleux. Dans ce dernier cas, ils prennent le nom de *lumachelles*.

§ 56. Les *calcaires compactes* dont la cassure notablement esquilleuse indique une tendance à la cristallinité, et dans lesquels on voit souvent les moules de coquilles fossiles se fondre dans la masse de la roche, sont susceptibles d'un beau poli, et lorsqu'ils sont de nuances riches ou heureusement coupés de veines spathiques, ils fournissent des *marbres* estimés.

On peut citer comme *marbres simples*, c'est-à-dire unicolores sans veines, les *marbres noirs* de Dinan, de Namur, les *marbres rouges* du Languedoc, exploités aux environs de Narbonne, et en particulier celui appelé *griotte d'Italie*, dont le fond d'un rouge brun est parsemé d'une manière symétrique de taches d'un rouge beaucoup plus clair, arrondies, que M. Dufrénoy à montré appartenir à des nautiles, et qui est par conséquent une espèce de lumachelle.

Comme *marbres veinés*, on a les *marbres de Flandre*, de couleurs variées, très-employés à Paris. Un des plus communs est le Sainte-Anne, à fond gris et veines blanches. Parmi les belles variétés qui proviennent de différents lieux, on distingue le *grand antique*, à fond noir et veines blanches nettement tranchées; le *portor*, à fond noir et veines jaunes; le *Languedoc*, qui vient de Narbonne, à fond rouge et grandes veines ou taches blanches qui proviennent de polypiers.

Enfin, parmi les *marbres lumachelles*, c'est-à-dire coquilliers, on recherche surtout les variétés à fond noir, sur lequel se dessinent des taches blanches, dont chacune est une coquille. On en tire de Flandre et des Pyrénées, dont les coquilles sont des *orthocères*. Le *petit granite* ou marbre des Écaussines près de Mons, qui sert à couvrir la plupart de nos meubles et qui est rempli d'encrinites, en est un exemple commun.

Ces derniers calcaires compactes, qui fournissent les marbres, pourraient être rangés en partie avec les roches métamorphiques; par exemple, plusieurs calcaires des Pyrénées.

§ 57. La cassure peut mettre en évidence les moules de coquilles dans les calcaires compactes; les fossiles se trouvent d'ailleurs dégagés au contact de certains lits argileux.

On observe ainsi dans les calcaires les plus anciens de la série sédimentaire, des *orthis*, fig. 40, des *spirifères*, fig. 41, des *productus*, fig. 42, des *orthocères*, fig. 43, des *goniatites*, fig. 44.

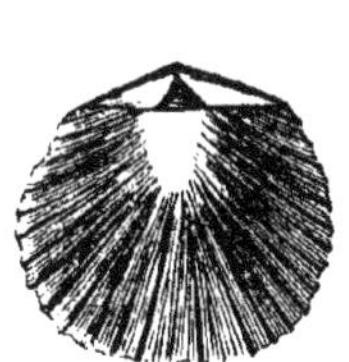

Fig. 40. *Orthis testudinaria.*

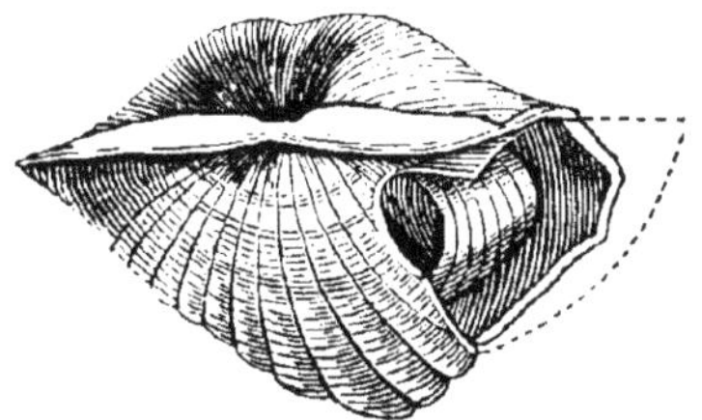

Fig. 41. *Spirifer trigonalis.*

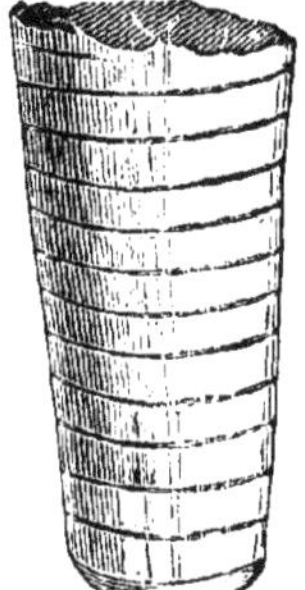

Fig. 43. *Orthoceras lateralis.*

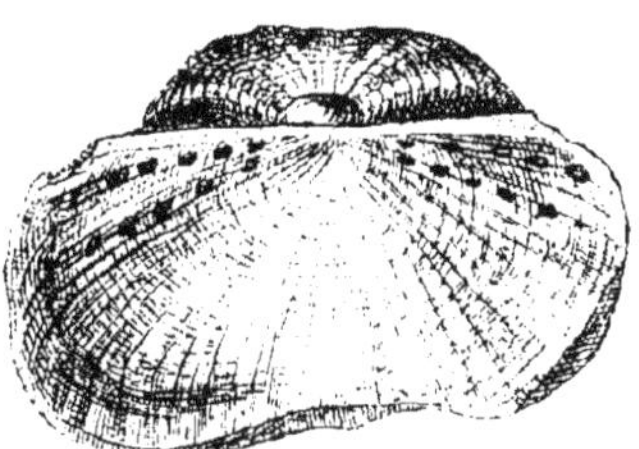

Fig. 42. *Productus antiquatus.*

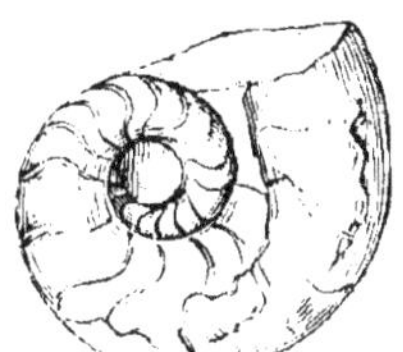

Fig. 44. *Goniatites evolutus.*

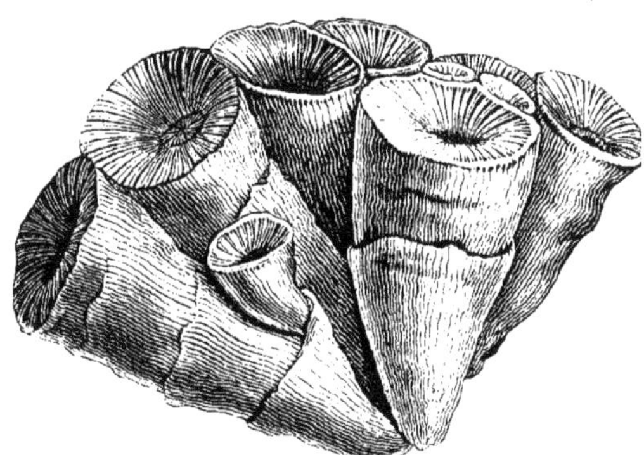

Fig. 45. *Cyatophyllum turbinatum.*

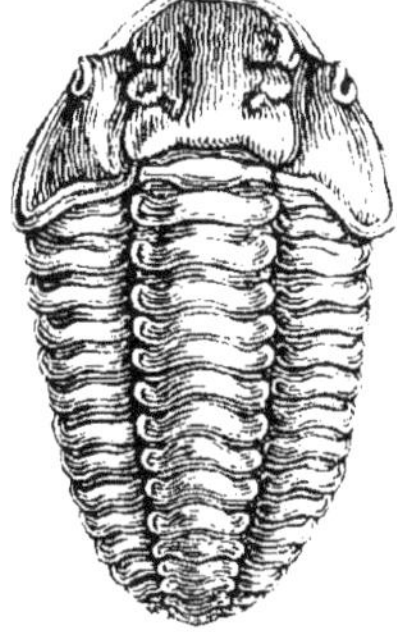

Fig. 46. *Calymene Blumenbachii.*

On voit dans les mêmes calcaires des débris de *polypiers*, fig. 45, des empreintes de *trilobites*, fig. 46. Dans des calcaires plus élevés de la série, dans celui en particulier que l'on appelle *muschelkalk* ou calcaire conchylien, on trouve des *ammonites* à lobes simples, fig. 47, des *encrinites*, fig. 48, puis plus haut encore, dans le calcaire appelé *lias-bleu*, d'autres *ammonites*, fig. 49; des *gryphées*, fig. 50.

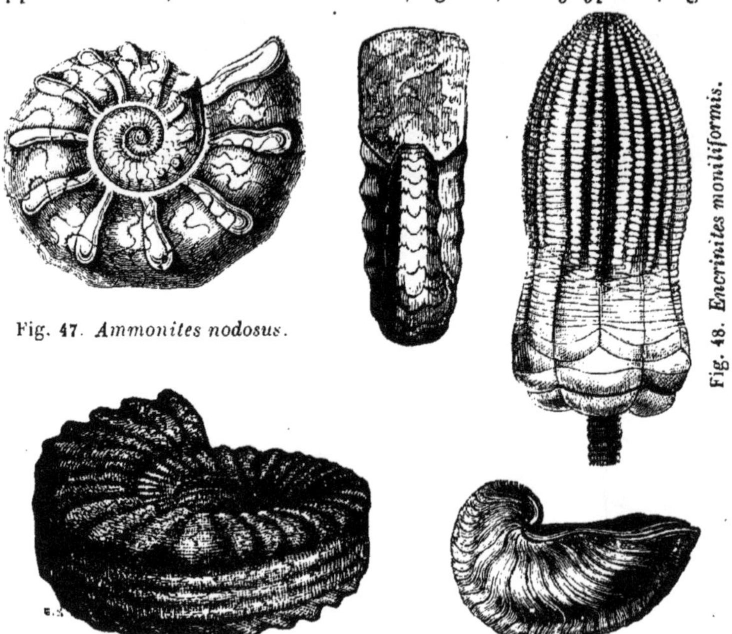

Fig. 47. *Ammonites nodosus*.

Fig. 48. *Encrinites moniliformis*.

Fig. 49. *Ammonites Bucklandi*. Fig. 50. *Griphæa arcuata*.

Quelques calcaires sont pétris de tronçons de tiges d'encrines spathisés, auxquels on donne le nom d'*entroques*, au point de paraître complétement lamellaires; ceux de ces calcaires qui sont supérieurs aux précédents, prennent spécialement le nom de *calcaires à entroques*. D'autres sont presque uniquement formés de débris de polypiers.

§ 58. Il existe des dépôts de calcaire excessivement puissants appartenant principalement au terrain appelé *jurassique*, qui affectent une structure toute particulière, la *structure oolithique*. La presque totalité de la masse est en petits grains ronds, semblables à des œufs de poisson, et plus ou moins soudés par du calcaire compacte; la grosseur des grains ou *oolithes* varie, depuis une dimension à peine discernable, jusqu'à la dimension des pois et même des amandes, mais ils sont ordinairement plus petits que des grains de millet.

Les grosses oolithes sont en général irrégulières et associées à beaucoup de débris de coquilles roulées. Chaque grain présente toujours, du reste, une structure concentrique, et l'on a proposé d'en conclure que les oolithes se sont formées dans des eaux agitées par des dégagements de gaz, comme se forment encore sous nos yeux des concrétions globuleuses isolées dans les bassins des sources calcaires bouillonnantes, les dragées de Tivoli, par exemple.

Fig. 51. *Nerinea Godhallii.* Fig. 53. *Caprotina ammonia.*

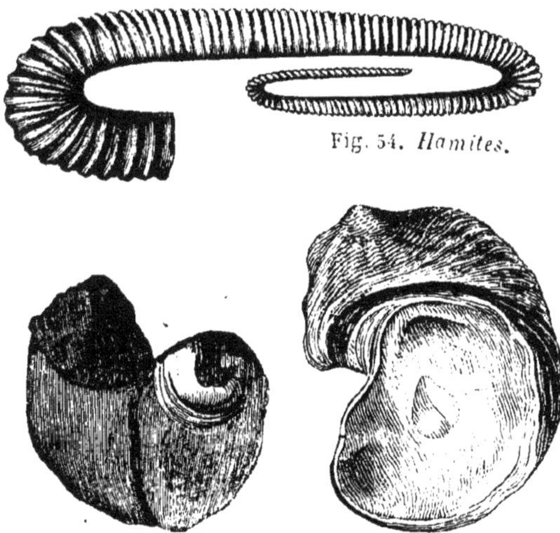

Fig. 54. *Hamites.*

Fig. 52. *Moule et coquille de diceras arietina.*

Dans certains calcaires oolithiques grossiers et plus ou moins tendres, on observe, entre autres fossiles, des *nérinées*, fig. 51, des *dicérates*, fig. 52.

Des calcaires dits *néocomiens*, supérieurs aux précédents et de texture assez variable, sont caractérisés par des fossiles remarquables, des *caprotines*, fig. 53, des *hamites*, fig. 54.

§ 59. Le calcaire forme encore des dépôts très-puissants à un état terreux particulier, dans lequel on lui donne le nom de *craie*.

La *craie blanche* est du calcaire pur qui, observé au microscope, présente une multitude de petites coquilles de *foraminifères*. Indépendamment de ces fossiles, qui composent en beaucoup de points la plus grande partie de la roche, on trouve dans la craie blanche des *huîtres*, fig. 55, des *échinites*, fig. 56, des *bélemnites*, fig. 57.

Fig. 55. *Ostrea vesicularis.*

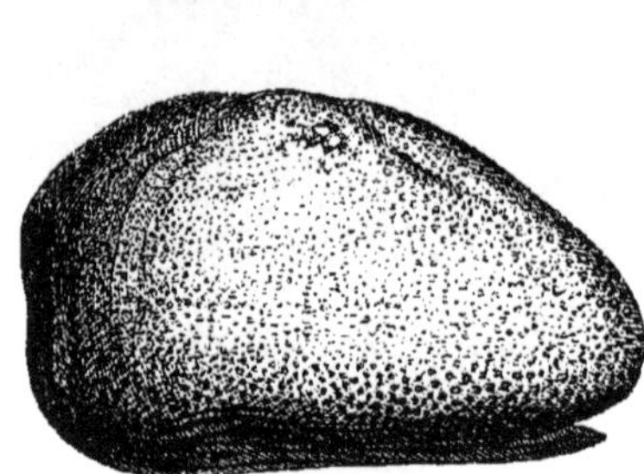

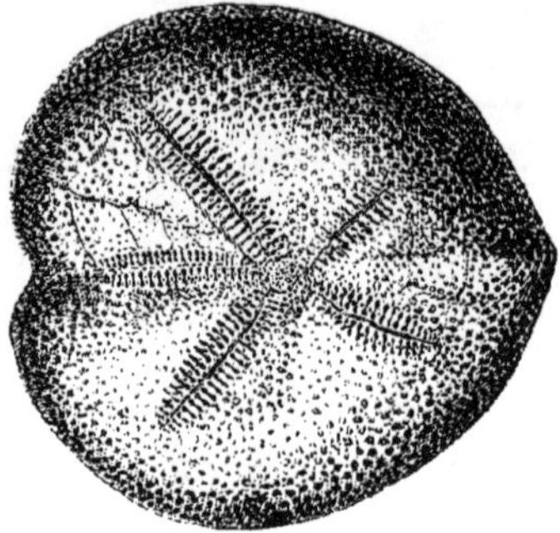

Fig. 56. *Spatangus cor anguinum.*

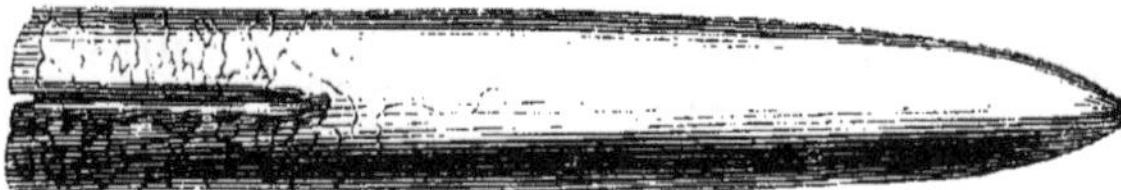

Fig. 57. *Belemnites mucronatus.*

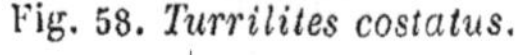

Fig. 58. *Turrilites costatus.*

Fig. 59. *Gryphæa columba.*

D'autres calcaires crayeux mélangés de sables, d'argile et quelquefois micacés, portent le nom de *craie tuffeau*. Ils contiennent des *turrilites*, fig. 58, des *gryphées*, fig. 59, etc. D'autres encore sont remplis de grains d'un silicate vert, qui les font appeler *craie chloritée*.

Dans les Pyrénées et dans toute la région méditerranéenne, on observe des calcaires puissants criblés de *nummulites*, fig. 60.

Fig. 60. *Calcaire à nummulites des Pyrénées.*

Le *calcaire grossier parisien* est un dépôt important, presque ex-

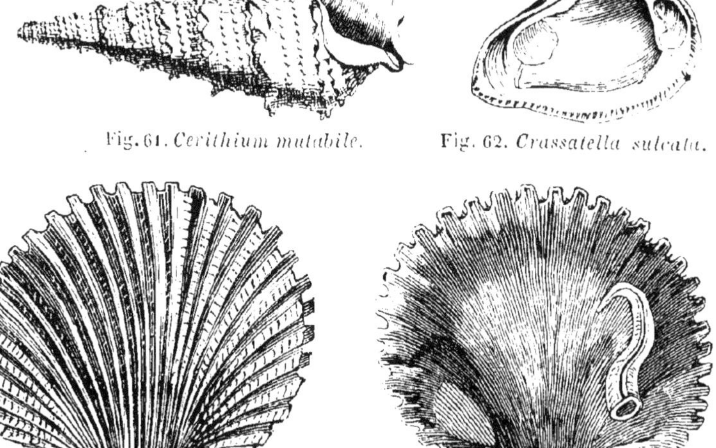

Fig. 61. *Cerithium mutabile.*

Fig. 62. *Crassatella sulcata.*

Fig. 63. *Cardium porulosum avec serpule.*

clusivement composé de débris de coquilles de mollusques très-variés et de foraminifères, et en partie mélangé de grains silicatés verts. Parmi les mollusques les plus remarquables, on peut citer le *cerithium giganteum*, de nombreuses *cérithes*, fig. 61, des *crassatelles*, fig. 62, des *cardiums*, fig. 63.

Toutes les roches calcaires que nous venons de passer en revue sont en général de formation marine.

§ 60. Il existe aussi des calcaires que l'on reconnaît de formation *d'eau douce* ou *lacustre*, d'après les fossiles qu'ils contiennent : les *lymnées*, fig. 64, les *planorbes*, fig. 65, les *paludines*, fig. 66. Ces *calcaires lacustres* sont en général marneux, d'un blanc grisâtre, et assez confusément stratifiés. On les voit se charger par place de silice, qui finit souvent par imprégner toute la masse et y dominer çà et là à l'état de pureté. Ce sont alors des *calcaires siliceux*.

Fig 64.

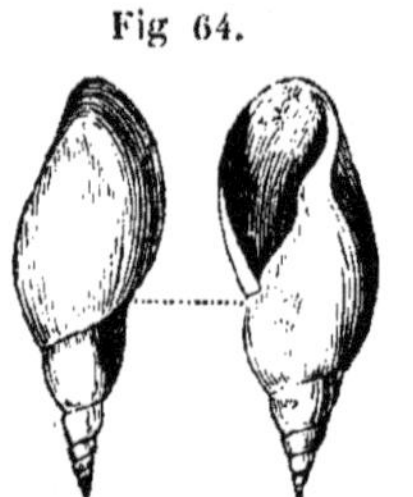

Limnea longiscata.

Fig. 65.

Planorbis exomphalus.

Fig. 66.

Paludina lenta.

§ 61. Le calcaire mélangé d'argile ou *calcaire argileux* forme aussi des couches importantes, il est ordinairement gris et à cassure terreuse. Quand la proportion d'argile s'élève à 40 ou 50 p. 100, la roche prend le nom de *marne*. On observe tous les degrés de composition, depuis l'argile pure jusqu'au calcaire pur. Il y a aussi des *marnes magnésiennes*.

§ 62. Les roches calcaires sont principalement utilisées comme pierre à bâtir et comme pierre à chaux. Comme pierre à bâtir, les calcaires trop compactes ne sont pas avantageux; leur taille est difficile, et ils sont d'ailleurs généralement fissurés.

Les calcaires oolithiques et les calcaires grossiers fournissent de très-bons matériaux de construction, tant pour le degré de dureté que pour les dimensions des bancs. On rejette les variétés qui sont susceptibles de s'imbiber lentement d'eau, parce que cette eau, surprise par les gelées, fait éclater la pierre. Ces variétés sont dites *gélives*.

Par la calcination, la plupart des calcaires décrits ci-dessus fournissent des *chaux grasses;* ce sont ceux qui contiennent peu ou point d'argile.

Les calcaires argileux donnent des *chaux hydrauliques*, dont la qualité croît depuis la proportion de 10 pour 100 d'argile, jusqu'à la proportion de 30 et même 36 pour 100, qui est celle des *ciments romains*.

Les marnes calcaires sont utilisées pour l'agriculture. On profite de leur propriété de se gonfler et de se déliter à l'air. Mélangées avec les terres trop fortes, c'est-à-dire trop argileuses, elles les divisent et y introduisent l'élément calcaire.

Les marnes argileuses servent au contraire à amender les terrains trop meubles.

§ 63. **Roches siliceuses.** — Nous avons déjà parlé du mélange de la silice au calcaire dans les calcaires d'eau douce. Dans presque tous les dépôts calcaires on trouve aussi des dépôts siliceux subordonnés plus ou moins développés ; les plus remarquables sont ceux de la craie dans laquelle on observe des lits de *silex* pyromaques gris de fumée très-foncé, quelquefois continus, mais plutôt formés de rognons mamelonnés.

On rencontre aussi dans des argiles très-modernes des couches siliceuses discontinues qui se rattachent souvent à des calcaires siliceux dont elles présentent en quelque sorte le squelette, l'élément calcaire ayant été dissous. Ces roches, en général très caverneuses, sont désignées sous le nom de *meulières*. Elles contiennent fréquemment des coquilles d'eau douce, des graines et des bois silicifiés.

Certaines variétés de meulières qui présentent une proportion convenable de pleins et de vides fournissent les meilleures meules à moudre le blé ; elles sont exploitées à la Ferté-sous-Jouarre et s'exportent dans le monde entier. Les meulières de petites dimensions font d'excellents matériaux de construction ou d'empierrement.

On connaît enfin des dépôts formés exclusivement de carapaces siliceuses d'infusoires, ce sont ces roches qui fournissent les tripolis.

§ 64. **Gypses sédimentaires.** — Le *gypse* ou *pierre à plâtre*[1] constitue des dépôts sédimentaires importants, particulièrement dans le bassin de Paris. La roche gypseuse de ces dépôts est saccharoïde, à grain plus ou moins fin, et jaunâtre, elle se reconnaît facilement à la propriété de se laisser rayer par l'ongle, la stratification est souvent peu distincte dans la roche même, mais elle est toujours nettement accusée par les lits marneux intercalés de dis-

1. Sulfate de chaux hydraté.

tance en distance; quelques couches présentent aussi un développement cristallin qui a produit des séries de cristaux en fer de lance verticaux juxtaposés.

Les dépôts gypseux ne contiennent pas de restes d'animaux ayant vécu dans les eaux où ils se formaient; ces eaux étaient nécessairement désertes; mais ils offrent beaucoup d'ossements de mammifères, apportés sans doute par les courants ; le squelette de l'un de ces animaux, le *palæotherium magnum*, est représenté dans la figure 67 tel qu'il a été reconstitué par Cuvier.

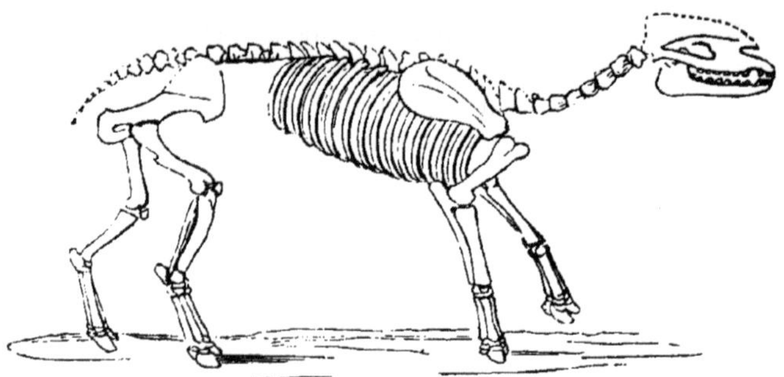

Fig. 67. *Squelette du palæotherium magnum.*

Le gypse sédimentaire est calcarifère et donne, par cette raison, du plâtre de qualité supérieure, beaucoup plus résistant que le plâtre fabriqué avec les gypses purs des dépôts adventifs.

§ 65. **Roches dolomitiques sédimentaires.** — On connaît dans les terrains anciens des couches formées de *calcaires magnésiens* et même de véritables *dolomies*[1], où l'élément magnésien ne paraît pas avoir été introduit postérieurement à la précipitation du dépôt. Nous devons donc les mentionner ici. Il est à remarquer cependant que ces couches magnésiennes, d'un gris jaunâtre et plus ou moins cristallines, sont très-imparfaitement stratifiées. Elles se composent souvent de masses concrétionnées, mamelonnées et même globuleuses, et sont d'ailleurs complétement dépourvues de fossiles.

ROCHES MÉTAMORPHIQUES.

§ 66. **Généralités. — Structures.** — Nous avons dit, en commençant, qu'il existait, au contact des roches éruptives ou cris-

1. La dolomie est un carbonate double de chaux et de magnésie, formé équivalent à équivalent.

tallines et des roches sédimentaires, des roches plus ou moins rapprochées par leurs propriétés de chacune des deux classes, et établissant, en quelque sorte, le passage de l'une à l'autre, par leur nature, comme par leur situation; mais jouissant d'ailleurs de certaines propriétés spéciales, entre autres la schistosité.

Ces roches paraissent être principalement des roches sédimentaires préexistantes, modifiées par les phénomènes éruptifs postérieurs, et ont été appelées pour cette raison *métamorphiques* ; mais il existe d'autres roches, certaines brèches, certains conglomérats, qui semblent dus à un phénomène éruptif compliqué d'un phénomène sédimentaire simultané, et il est naturel de rapprocher ces différents genres de roches sous la dénomination de *métamorphiques*. Le mot *métamorphisme* s'appliquant alors à toutes les réactions des deux causes simples de formation, le dépôt par les eaux et l'éruption.

§ 67. Les roches métamorphiques s'observent principalement dans les montagnes et dans leur voisinage. Les montagnes, en effet, présentent ordinairement les terrains sédimentaires redressés et disloqués autour de noyaux éruptifs, apparents ou cachés, fig. 68, 69.

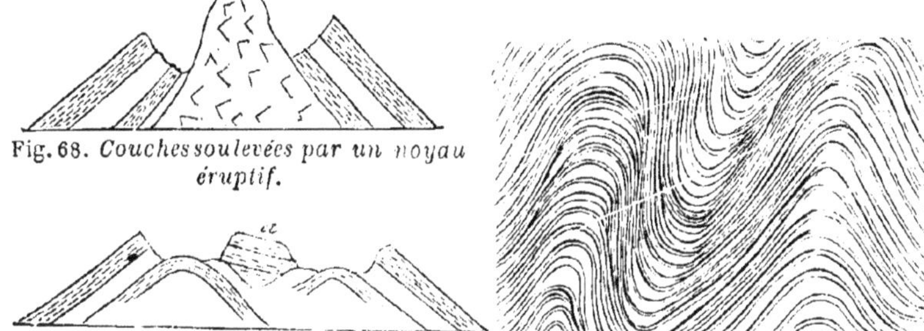

Fig. 68. *Couches soulevées par un noyau éruptif.*

Fig. 69. *Couches soulevées et disloquées, sans roche éruptive apparente.*

Fig. 70. *Contournement des schistes.*

Ensuite, tous les terrains anciens, dans la série sédimentaire, sont généralement plus ou moins métamorphiques, alors même qu'ils ne forment pas de saillies, de véritables montagnes. Il est vrai que dans ce cas, l'état métamorphique coïncide encore ordinairement avec un déplacement des couches stratifiées, indice de phénomènes de soulèvement semblables à ceux qui ont produit les montagnes. C'est ainsi que les terrains de schiste présentent le plus souvent des couches plissées comme l'indique la fig. 70. Cependant les dépôts sédimentaires anciens, même peu ou point dérangés, se rapprochent en général des dépôts métamorphiques qui résultent évidemment de la modification de dépôts sédimentaires récents;

soit qu'ils doivent leur état actuel à l'influence plus fréquente et plus immédiate des roches éruptives pendant ou après l'époque de leur formation ; soit que la modification ait pu s'opérer à l'aide de la durée, dans les conditions moyennes de gisement des roches stratifiées, sous l'action de la chaleur centrale, de la compression, etc.

§ 68. La *schistosité* est la propriété qu'ont certaines roches de se fendre dans une direction particulière, de manière à se déliter en feuillets plus ou moins minces et plus ou moins plans. Elle est développée au plus haut degré dans les *ardoises*. Le système de fissures qui détermine la séparation en feuillets existe à un état rudimentaire, ou la roche est seulement prédisposée à le laisser produire. Dans tous les cas, il est rare que ce système soit unique; assez fréquemment, les roches schisteuses présentent deux autres directions principales de fissilité ; elles se délitent alors en parallélipipèdes et on dit qu'elles possédent la structure de séparation *pseudo-régulière ;* seulement les fentes dans ces deux autres directions sont beaucoup moins faciles et moins rapprochées.

Ces systèmes de fissures paraissent être dûs à un retrait après un commencement d'agrégation intime, à une espèce de cristallisation ; et dans les roches dont la fissilité est la plus développée et en même temps la plus régulière, ils sont ordinairement tout à fait indépendants de la stratification. C'est ce que l'on voit par exemple très-bien dans les schistes ardoisiers des Ardennes, où les ondulations les plus irrégulières des véritables strates, sont traversées par la structure schisteuse qui n'en est nullement altérée, fig. 71.

Fig. 71.

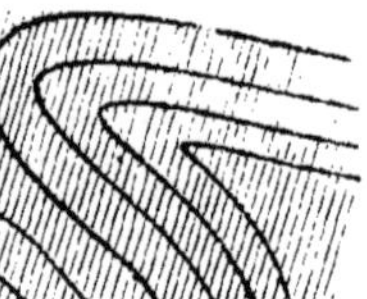

§ 69. **Roches schisteuses arénacées et argileuses.** — Les *quartzites* sont des grès quartzeux métamorphiques dans lesquels les grains de quartz sont soudés de manière que la texture arénacée est plus ou moins effacée. Ils présentent la structure de séparation *pseudo-régulière*, mais ne se délitent qu'en plaques d'une certaine épaisseur. Leur couleur est ordinairement le blanc grisâtre ou jaunâtre.

On peut rapprocher des quartzites les *jaspes* ou quartz rubanés, diversement colorés par des matières argileuses, et le *quartz lydien* qui est un jaspe grenu noir coloré par du charbon. Les jaspes sont taillés pour pierres d'ornement. Le quartz lydien, à raison de son grain et de sa couleur, fournit les *pierres de touche*.

§ 70. Les autres roches arénacées métamorphiques reçoivent en général le nom de *grauwakes*. Les plus grossières sont des poudingues, dont les galets appartiennent aux roches cristallines.

Celles qui correspondent aux grès, contiennent des grains de quartz lydien et aussi de feldspath. Le métamorphisme se reconnaît à l'état schisteux du ciment, à l'abondance du mica, qui a pu cependant exister en partie dans la roche non modifiée, et à l'adhérence des éléments.

D'autres grauvakes paraissent correspondre aux roches argileuses; ce sont les *grauvakes schisteuses*, où le mica a pu mieux se développer et s'orienter par suite de l'absence de matière grenue, mais qui cependant n'offrent pas une schistosité régulière et plane. Ordinairement les grauvakes ont des teintes sombres, et les variétés schisteuses deviennent parfois tout à fait noires; cependant il y en a de diverses couleurs et notamment de rouges, comme celles que l'on a nommées *vieux grès rouge*.

Les grauvakes passent par toutes les nuances aux roches schisteuses tout à fait cristallines.

§ 71. Les *schistes argileux* offrent aussi tous les degrés de métamorphisme depuis les argiles schisteuses jusqu'aux schistes cristallins, mais avec la schistosité plane et unie.

Les *schistes ardoisiers* forment le terme le plus intéressant de cette série. Là fissilité y est portée à un tel point qu'une plaque de deux millimètres éclate par l'action du feu en douze feuillets, qui ont par conséquent moins de deux dixièmes de millimètres d'épaisseur. Elle est utilisée pour la fabrication des *ardoises*, qui constitue une industrie considérable.

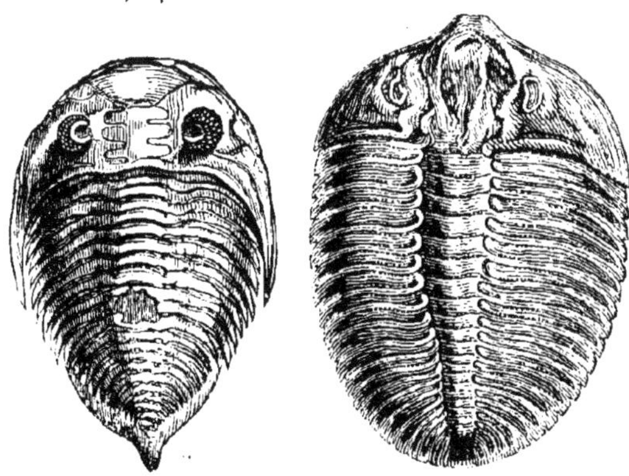

Fig. 72. *Asaphus caudatus*. Fig. 73. *Asaphus Buchii*.

Les schistes ardoisiers sont le plus ordinairement d'un gris bleuâtre, mais on en exploite de violacés, de verts.

Certains schistes ardoisiers sont parsemés de petits grains de fer oxydulé; d'autres, de petits cubes ou d'arborisations de pyrite. La pyrite est souvent concentrée sur les empreintes de *poissons* et de *trilobites*, fig. 72, 73, qui sont encore assez fréquentes et très-nettes malgré l'état métamorphique avancé de la roche.

D'autres schistes finement sableux, subordonnés aux schistes ardoisiers, fournissent les pierres à rasoirs, d'où on leur a donné le nom de *schistes novaculaires.*

Les surfaces de séparation sont plus ou moins lisses, parfois esquilleuses ; la fissilité paraît due à des lamelles excessivement délicates de mica ou de talc qui se sont développées dans la roche.

Les *phyllades*, *schistes satinés*, *schistes micacés*, *schistes talqueux*, représentent des degrés de cristallinité plus élevés, avec des compositions sans doute assez variées ; le mica, le talc constituent alors des feuillets plus ou moins continus, plus ou moins rapprochés, et souvent ondulés, plissés.

Dans certains schistes micacés, on voit se développer des cristaux de divers silicates : l'andalousite, la staurotide, les grenats, autour desquels s'infléchissent les feuillets.

§ 72. **Roches schisteuses cristallines.** — En suivant ainsi les modifications des roches arénacées et argileuses, on arrive à des roches entièrement cristallines, dans lesquelles la schistosité résulte de l'abondance et de l'orientation des minéraux feuilletés, mica, talc, chlorite, bien déterminables. Tantôt ces roches ne contiennent que du quartz et des micas, ce sont, les *micaschistes*, tantôt elles contiennent en outre un ou deux feldspaths, ce sont les *gneiss.*

Dans les *micaschistes* les feuillets de micas s'entrelacent avec les nodules de quartz hyalin aplatis, en gardant toujours une direction moyenne et forment ainsi des surfaces de séparation plus ou moins ondulées ; souvent le talc se mélange au mica ; on a alors des micaschistes talqueux qui passent à des *talcschistes* et dans lesquels le talc se reconnaît à la douceur dû toucher.

§ 73. Les *gneiss* que nous avons déjà vus se présenter comme des granites dégradés, c'est-à-dire des roches éruptives, doivent être considérés, pour la plus grande partie, comme des roches métamorphiques ; ils présentent, du reste, les variétés de composition des granites auxquels ils passent par degrés insensibles, en sorte que les granites se retrouvent eux-mêmes comme limites des roches métamorphiques. Les gneiss contiennent souvent des masses de calcaire cristallin subordonnées.

On doit rapprocher des gneiss les roches schisteuses, composées d'amphibole lamelleuse et de feldspath, qui prennent le nom de *schistes amphiboliques.* Ces *schistes amphiboliques*, qui jouent un rôle important dans beaucoup de terrains métamorphiques, jouissent, comme toutes les roches amphiboliques, d'une grande ténacité et doivent figurer au premier rang parmi les matériaux de qualité supérieure pour l'empierrement des routes.

Les *schistes chloriteux* viennent encore se ranger ici. Les cristaux de dolomie, dont ils sont souvent semés, indiquent clairement leur origine métamorphique.

Ces diverses roches contiennent des minéraux disséminés assez nombreux et en première ligne des grenats.

§ 74. **Roches métamorphiques grenues, compactes et porphyroïdes.** — Toutes les roches argileuses ne passent pas par le métamorphisme à des roches schisteuses. Soit à raison de la composition, soit à raison des circonstances, on voit certains dépôts sédimentaires se modifier pour devenir des *pétrosilex*, des *eurites*, des *cornéennes*, des *porphyres feldspathiques*. Nous avons déjà décrit les roches semblables de la série éruptive, dont il est ordinairement impossible de les distinguer autrement que par les circonstances de gisement. Nous les mentionnons ici pour compléter la série métamorphique, en signalant comme preuve de leur origine non éruptive, la présence d'empreintes végétales dans des pétrosilex, et de galets roulés reconnaissables dans les eurites.

§ 75. **Roches calcaires métamorphiques.** — Nous avons déjà indiqué que les *calcaires compactes* qui fournissent les marbres pourraient être considérés, en partie, comme métamorphiques.

Mais la compacité n'est, en tous cas, qu'un premier degré de métamorphisme. Dans le voisinage immédiat des roches éruptives postérieures à leur dépôt, les calcaires passent à un état complètement cristallin, en perdant toute trace de restes organisés et se chargeant au contraire de minéraux cristallisés divers.

Ces *calcaires* appelés *saccharoïdes* fournissent d'autres espèces de marbres que les calcaires compactes; en premier lieu, les *marbres blancs statuaires* que les Grecs tiraient de Paros, qui nous viennent maintenant de Carrare, sur la côte de Gênes, et dont on a retrouvé des carrières importantes en Algérie. Le *jaune antique* ou *jaune de Sienne*, le *bleu turquin* à fond bleuâtre et veines plus foncées, sont aussi saccharoïdes; mais la plupart des marbres saccharoïdes sont *composés*, c'est-à-dire contiennent des matières étrangères disséminées. Ainsi le *marbre cipolin* de la côte de Gênes est un calcaire blanc veiné de mica verdâtre.

Le *marbre campan* des Pyrénées offre un bel exemple de roche métamorphique. Il est composé de nodules calcaires subcristallins, qui rappellent confusément la forme de coquilles de céphalopodes, entrelacés dans des veines d'une matière tout à fait analogue à celle des phyllades. On doit le considérer comme un calcaire argileux coquillier modifié.

§ 76. **Dolomies métamorphiques.** — Outre les dépôts de dolomie que l'on peut considérer comme purement sédimentaires, il existe des roches dolomitiques qui sont évidemment métamorphiques, et qui ont d'abord existé à l'état de calcaire.

La transformation du calcaire en dolomie ou la *dolomisation* a été longtemps l'objet de vives discussions. Mais c'est un point maintenant généralement admis, d'après plusieurs raisons, dont voici les principales : d'abord, le passage du calcaire à la dolomie dans le voisinage de certaines roches éruptives, principalement des mélaphyres; ensuite l'existence, dans les dépôts de dolomie, de moules de coquilles dolomitiques, alors que les animaux ne secrètent absolument que du calcaire; enfin la transformation même du calcaire en dolomie, obtenue dans les laboratoires par plusieurs procédés chimiques simples.

La dolomie métamorphique se présente à l'état compacte ou saccharoïde; sa couleur ordinaire est le gris jaunâtre. Elle a au toucher une certaine âpreté tout à fait caractéristique, due à sa cristallinité; enfin elle fait à peine effervescence avec les acides à froid.

Les masses dolomitiques sont fréquemment fendillées, déchiquetées de toutes les manières à la surface. Le changement du carbonate simple en double carbonate spécifiquement plus lourd que la moyenne des composants, nécessite la contraction des masses soumises à la dolomisation; par conséquent celles-ci ont dû se fendre et se fissurer en tous sens, et les dégradations qu'elles nous présentent ne sont que la suite de ces effets. La vallée de Fassa, dans le Tyrol, est une localité classique pour l'étude des phénomènes de dolomisation.

§ 77. **Conglomérats et brèches.** — Au contact même des roches éruptives avec les roches sédimentaires, on observe des brouillages, des mélanges, des pénétrations réciproques, d'où résultent des roches essentiellement métamorphiques, avec structure fragmentaire, appelées *conglomérats de contact* ou simplement *brèches*.

Une des plus remarquables est celle à laquelle a donné lieu le contact des serpentines et des calcaires, dans le voisinage de Gênes. Les différentes variétés de cette brèche sont exploitées comme marbres sous les noms de *vert antique*, *vert de mer*.

On peut rapprocher de ces brèches celles qui présentent seulement les fragments de roches calcaires métamorphiques réunis par un ciment calcaire, et qui forment le passage entre la roche de contact et la roche simplement métamorphique.

Ces dernières brèches fournissent encore de beaux marbres, par exemple le *grand deuil* et le *petit deuil*, qui offrent des éclats blancs sur un fond noir, et qu'on tire des Pyrénées; la *brèche violette*, à fond violet avec grands éclats blancs, un des marbres les plus riches, qui provient de la côte de Gênes, mais dont les carrières sont depuis longtemps épuisées.

§ 78. Les *arkoses* sont aussi des roches de contact. On applique ce nom à toutes les modifications des grès au contact des roches granitiques ou porphyriques; mais il désigne plus particulièrement les roches résultant de l'imprégnation, par la silice, des arènes granitiques plus ou moins remaniées, et des dépôts sédimentaires reposant immédiatement sur ces arènes. Les arkoses sont donc principalement des grès feldspathiques et quartzeux avec ciment siliceux abondant; et il est à remarquer que ce ciment siliceux est accompagné de différents minéraux, la baryte sulfatée, la galène, etc., qui pénètrent partout avec lui dans la roche.

§ 79. Enfin nous terminerons ce qui est relatif au contact des roches sédimentaires et éruptives, en signalant les dépôts qui entourent fréquemment les masses porphyriques et trachytiques. Ces dépôts, appelés *conglomérats porphyriques, conglomérats* ou *tufs trachytiques*, passent d'un côté à des roches arénacées régulièrement stratifiées, et de l'autre aux roches éruptives, sans qu'il soit possible d'établir d'aucun côté des limites nettes entre les deux formations. Ils paraissent, dans plusieurs cas, résulter de l'action des eaux sur la roche éruptive, au moment même de son éruption.

APPENDICE. — ROCHES DES DÉPÔTS ADVENTIFS.

§ 80. **Minerais de fer.** — Les minerais de fer occupent une place importante parmi les dépôts adventifs. Ils constituent de véritables roches dans tous les terrains et, par leurs différentes espèces, représentent tous les genres de formation.

Le *fer oxydulé* forme des filons et des amas dans les roches plutoniques, principalement dans les roches magnésiennes avec lesquelles il paraît souvent avoir une origine éruptive commune. Il est en masses cristallines à petits et à gros grains et se reconnaît facilement à sa couleur noire, son éclat métallique et son action sur le barreau aimanté; quelques-unes de ces masses forment des montagnes entières, comme celle du Taberg, en Suède. Nous en avons des gîtes importants en Algérie, près de Bône.

Le *fer oligiste métalloïde* se rencontre aussi en roche dans les terrains de cristallisation. Il se distingue du précédent par sa texture plus lamelleuse, sa pousière rouge et l'absence de propriétés magnétiques, mais il est souvent mélangé avec lui, comme dans le fameux gîte de Dannemora, dont les minerais produisent les meilleurs fers à acier connus.

Le *fer oxydé rouge* ou fer oligiste non métalloïde, en masses concrétionnées et fibreuses, c'est-à-dire, à l'état d'*hématite*, forme des filons ou des amas dans les terrains de cristallisation et les terrains métamorphiques, comme à Framont, dans les Vosges, où il est associé avec le fer oligiste métalloïde. En masses compactes, ou terreuses, ou oolithiques, il forme des couches subordonnées à des couches sédimentaires plus ou moins métamorphiques.

§ 81. Le *fer oxydé hydraté* à l'état concrétionné et fibreux ou *hématite brune*, constitue des filons plus ou moins cavernenx ou des couches dans les terrains métamorphiques comme à Rancié, dans les Pyrénées; à l'état *pisolithique*, c'est-à-dire, en gros grains ordinairement peu agrégés, il remplit des poches superficielles dans divers terrains. Les meilleurs minerais du Berry appartiennent à cette variété. On les appelle *minerais en grains*. Mais à l'état *oolithique* surtout, il forme une véritable roche, subordonnée aux terrains sédimentaires qui affectent la même structure. C'est ainsi qu'on le rencontre fréquemment en Bourgogne et en Champagne.

On connaît aussi des dépôts d'un minerai oolithique gris, bleuâtre ou verdâtre, magnétique, qui est alumineux, silicaté et hydraté, et auquel M. Berthier a donné le nom de *chamoisite*, du nom de la localité des Alpes, où on l'exploite. Un minéral analogue est mélangé intimement avec le fer oxydé hydraté dans divers dépôts oolithiques importants. Les *mines grises* et *bleues* de la Moselle, sont des mélanges de ce genre.

Le fer oxydé hydraté se trouve en grandes masses superficielles, à un état particulier, résineux, qu'il doit à une proportion notable d'acide phosphorique combiné; c'est le *fer limoneux* ou minerai des marais.

Toutes les variétés du fer oxydé hydraté donnent une poussière brune caractéristique.

§ 82. Le *fer carbonaté*, à l'état *spathique* ou lamelleux, forme des filons ou amas puissants dans les terrains de cristallisation ou les terrains métamorphiques. On le distingue des calcaires lamelleux par sa couleur ordinairement un peu fauve, que l'altération naturelle rend souvent tout à fait brune; il noircit d'ailleurs au feu et fait très-lentement effervescence dans les acides à froid. C'est un minerai particulièrement propre à la fabrication de l'acier naturel. La Styrie en offre des gîtes considérables. Nous en possédons aussi en France, principalement dans le Dauphiné.

Le *fer carbonaté*, à l'état *lithoïde* ou compacte, gris, plus ou moins impur, se rencontre en lits de rognons et en couches subordonnées dans les terrains sédimentaires qui contiennent des couches de combustible. Aussi, le désigne-t-on souvent sous le nom de *minerai des houillères*.

§ 83. **Roches diverses des dépôts adventifs. — Roches de filons.** — On pourrait ranger déjà parmi ces roches, les filons ou masses de quartz dont nous avons parlé en commençant; mais nous devons au moins mentionner ici les *gangues quartzeuses* d'une grande partie des filons métallifères, de ceux, par exemple, qui contiennent l'or natif et qui sont maintenant activement exploités dans le voisinage des alluvions aurifères, en Californie et en Australie.

Nous devons mentionner pareillement les *gangues de calcaire lamelleux*, qui forment souvent des *roches de filons* assez importantes par leur masse et plus encore, dans certains cas, par leur richesse en minerais d'argent et autres, comme à Kongsberg, en Norwége.

Les minerais de plomb et de zinc sulfurés (galène et blende), plus ou moins argentifères, sont enveloppés de gangues où le quartz et le calcaire spathique figurent en proportions variables, mais sont ordinairement accompagnés de *chaux fluatée* et de *baryte sulfatée*; celle-ci devient parfois dominante et forme même à elle seule une véritable roche de filon. C'est ce que l'on voit en Saxe, en Auvergne, etc.

De même qu'il y a des rapports d'origine évidents, entre les quartz de filons métallifères ou stériles et certaines masses siliceuses qui affleurent dans les terrains, et que l'on voit encore déposées de nos jours par les eaux des *geysers* (ou volcans d'eau) d'Islande; de même, il y a connexion certaine d'origine, entre les veines ou filons calcaires et les *tufs calcaires* ou dépôts plus ou moins concrétionnés et caverneux, que nous voyons se former actuellement à l'issue de certaines *sources minérales*, et qui se sont développés antérieurement sur une bien plus grande échelle, mais avec le même caractère d'indépendance, de manière à mériter encore d'être classés parmi les dépôts adventifs.

Les gîtes de calamine ou minerai de zinc carbonaté et silicaté, notamment ceux de Belgique, sont des amas de rognons qui, au premier abord, présentent de l'analogie avec certaines roches dolomitiques.

§ 84. **Enfin**, nous devons aussi considérer comme dépôts adventifs, les masses de *gypse*, d'*anhydrite*, de *sel gemme* que l'on rencontre subordonnées à certains terrains sédimentaires ou métamorphiques.

Le *gypse* est en général fibreux, mais quelquefois il a une texture saccharoïde très-fine. Il n'offre pas de trace de stratification; sa couleur varie du blanc de neige à un rouge ferrugineux assez foncé. Il semble être, en certains cas, le résultat de l'hydratation de l'*anhydrite* (sulfate de chaux anhydre), qui elle-même est peut-être le résultat de la métamorphose d'une masse calcaire, dans les terrains métamorphiques du moins. Dans les terrains sédimentaires, peu ou point modifiés, où le gypse forme des amas plus ou moins brouillés au milieu des argiles, il doit être plutôt attribué à des causes analogues aux *salzes*, qui de nos jours amènent à la surface des eaux chargées de sulfate de chaux.

Le *sel gemme* se trouve presque toujours en relation intime de gisement avec le gypse, et a été évidemment amené par les mêmes causes. On le trouve en masses énormes, de forme lenticulaire, parfaitement homogènes, cristallines et souvent très-pures, situées entre des couches argileuses qui sont elles-mêmes salifères. Dans les terrains métamorphiques et bouleversés, il offre des amas accidentés.

Le terrain dit du *trias* est particulièrement riche en dépôts gypseux et salins subordonnés, par exemple dans la Lorraine.

Le sel gemme est exploité en roche ou par voie de dissolution.

Quant au gypse, on en tire aussi parti pour la fabrication du plâtre; mais sa pureté le rend inférieur au gypse sédimentaire calcarifère; il fournit un plâtre beaucoup moins solide. On l'emploie, du reste, avantageusement pour amender les terres.

§ 85. **Combustibles fossiles.** — Les *combustibles fossiles*, ou *combustibles minéraux*, ont une origine végétale, accusée d'une manière certaine par les nombreuses empreintes observées dans les roches encaissantes, et dont ils gardent d'ailleurs des traces évidentes dans leur structure, quand la minéralisation n'est pas très-avancée. Malgré cette origine végétale, leur situation en couches régulières dans les dépôts de sédiment, où ils jouent le rôle de véritables *roches stratifiées*, doit les faire considérer comme des *roches adventives*, et nous allons les décrire à ce titre, aussi bien qu'en raison de leur extrême importance.

Nous devons d'abord parler de la tourbe qui est le véritable point de départ de la série.

§ 86. Tourbes. La *tourbe* est une matière brune plus ou moins foncée qui s'est formée, et se forme encore de nos jours, sous les eaux, dans les marais, par l'accumulation et l'altération de divers plantes et particulièrement des sphaignes et conferves qui sont toujours submergées. Elle est homogène et *compacte* dans les parties inférieures du dépôt, où elle offre ordinairement une espèce de terreau mélangé de matière limoneuse. Dans les parties supérieures, elle est grossière, spongieuse et remplie de débris végétaux encore visibles qui lui donnent une structure *fibreuse*. Après la dessiccation, qui réduit considérablement son volume, elle brûle facilement, avec ou sans flamme, en donnant une odeur particulière[1].

Cette matière couvre quelquefois des espaces immenses dans les parties basses de nos continents, remplissant les bas-fonds des larges vallées, dont la pente n'est pas assez grande pour un écoulement facile des eaux. Souvent ces dépôts sont encore couverts d'eau, mais dans divers lieux ils sont à sec, et il s'est formé au dessus d'eux des couches de sable et de limon.

La tourbe est un combustible précieux, exploité presque partout avec activité. La Hollande, qui n'a pas d'autre combustible, en renferme une grande quantité. En France, les plus grandes tourbières sont celles de la vallée de la Somme.

Les terrains sédimentaires les plus modernes contiennent des dépôts de bois altérés, dans un état voisin de celui des troncs que l'on trouve souvent dans les tourbières; ces *bois*, dits *bitumineux*, établissent le passage des tourbes aux lignites.

§ 87. Lignites. La dénomination de *lignite*, s'applique à des matières assez variées, tantôt d'un noir brun, ternes et présentant encore l'organisation ligneuse assez bien conservée; tantôt compactes ou schistoïdes, tout à fait noires, plus ou moins brillantes, et sans aucune apparence de tissu organique. Ces variétés extrêmes et les intermédiaires jouissent, à divers degrés, de propriétés communes. Elles s'allument et brûlent facilement, d'abord avec flamme, fumée noire et odeur bitumineuse; ensuite en se consumant comme de la braise[2].

Les lignites forment des couches dans les terrains sédimentaires modernes. Quoique inférieurs en qualité aux houilles, ils sont en général très-bien utilisés. Nous en possédons en France beaucoup de

1. Par la distillation il s'en dégage des produits acides et huileux, et il reste un charbon poreux.

2. Les lignites donnent, à la distillation, des produits bitumineux, des eaux ordinairement acides et des gaz combustibles, mais médiocrement éclairants, et laissent un résidu de 30 à 50 pour 100 d'un charbon qui a assez de rapport avec le charbon de bois, et conserve sensiblement la forme des fragments employés.

gîtes très-importants, particulièrement en Provence, dans les environs d'Aix.

Certaines variétés très-chargées de pyrites, comme celles du département de l'Aisne, sont employées avec succès pour la fabrication de l'alun et de la couperose ; les résidus de cette fabrication et les lignites eux-mêmes, sont employés dans l'agriculture sous le nom de *cendres rouges* et de *cendres noires*. Le *jayet* est un lignite assez compacte pour être taillé.

§ 88. Houilles. Le nom de *houille* s'applique également à des matières de qualités diverses, mais jouissant des propriétés communes suivantes : elles sont d'un beau noir, plus ou moins fissiles, plus ou moins brillantes dans leur cassure; elles s'allument assez facilement, brûlent avec flamme, fumée noire, odeur bitumineuse en fondant et se boursouflant plus ou moins ; mais la combustion ne se continue pas en général dans un morceau isolé [1].

Au point de vue industriel, M. Leplay, dans son cours de métallurgie à l'École des mines, divise les houilles en quatre classes: les *houilles maigres gazeuses*, les *houilles grasses à longue flamme*, les *houilles grasses maréchales*, et les *houilles sèches* ou *durant au feu.*

Cette classification est naturellement fondée sur la composition [2]; mais il n'y a pas de rapports bien définis entre la composition et les propriétés extérieures des houilles, et on peut dire seulement que: les *houilles maigres* qui sont les plus voisines des lignites, sont

1. Elles donnent, à la distillation, des matières bitumineuses, des eaux ordinairement ammoniacales et des gaz très-combustibles et très éclairants, en laissant comme résidu 55 à 85 pour 100 de *coke*, c'est-à-dire d'un charbon poreux, brillant et présentant tous les caractères d'une masse plus ou moins fondue et plus ou moins boursouflée.

2. Les *houilles maigres* rendent 55 à 60 pour 100 de coke poreux, à fragments à peine agglutinés, ou seulement frittés, et brûlent, sans changer de forme, avec une flamme longue mais médiocrement brillante.

Les *houilles grasses à longue flamme* rendent 60 à 65 pour 100 de coke à demi fondu, très-poreux et brûlent, en se ramollissant, avec une flamme longue et vive ; ce sont celles qui sont les plus recherchées pour les foyers des fours à réverbère, pour la fabrication du gaz d'éclairage, et aussi pour le chauffage domestique. Le *flenu* de Mons appartient à cette classe. Certaines variétés qui brûlent avec flammes, en fragments isolés, sont désignées sous le nom de *cannel-coal.*

Les *houilles grasses maréchales* rendent 65 à 75 pour 100 de coke bien fondu mais très-boursouflé. Dans la combustion, les fragments s'agglutinent fortement et se fondent ensemble, ce qui rend cette classe de houille particulièrement propre à la forge. Le meilleur type provient des mines de Saint-Étienne.

Les *houilles sèches*, rendent 80 à 85 pour 100 de coke parfaitement fondu, poreux mais peu boursouflé et jouissant au plus haut degré de l'éclat métalloïde. Ce coke est le meilleur pour les hauts fourneaux. Les houilles sèches brûlent avec une flamme courte, elles sont excellentes pour les travaux qui demandent un feu vif et soutenu. Les meilleurs types proviennent du pays de Galles.

en général dures et ternes ; les *houilles grasses à longues flammes* sont souvent largement schistoïdes et assez brillantes (les variétés dites *cannel-coal* sont cependant très-compactes) ; les *houilles maréchales* présentent la couleur la plus noire et l'éclat le plus vif ; elles sont ordinairement très-friables ; beaucoup de *houilles, grasses* et *sèches*, offrent une très-grande quantité de veinules de charbon poreux, tout à fait analogue à un charbon végétal très-léger.

Les houilles forment des couches étendues et souvent très-multipliées, dans les terrains sédimentaires anciens. Elles sont ordinairement subordonnées à des formations arénacées considérables.

Leur exploitation est certainement la plus importante des exploitations minérales, et l'Angleterre doit sans doute à la richesse de son sol en gîtes houillers, une grande partie de sa supériorité industrielle. Quoique moins heureusement dotés que les Anglais à cet égard, nous possédons des gîtes ou bassins houillers d'une grande richesse.

On peut citer en première ligne, le bassin houiller du département du Nord, dont on vient de reconnaître, par des sondages, le prolongement à l'ouest, conformément aux prévisions théoriques des auteurs de la carte géologique de France. Ensuite le bassin du département de la Loire, celui du Gard et celui de l'Aveyron.

§ 89. Anthracites. Les *anthracites* sont des matières d'un noir grisâtre, sèches au toucher, tantôt compactes et offrant alors une cassure largement conchoïde, tantôt schisteuses et très-friables, mais jouissant dans tous les cas d'un éclat demi-métallique et souvent irisées.

Elles ne brûlent que dans un foyer ardent. Ordinairement, à la première action du feu, elles décrépitent et se réduisent en petits fragments, qui se consument ensuite sans changer de forme [1].

Les anthracites constituent des couches considérables dans les dépôts sédimentaires les plus anciens, ou dans les dépôts métamorphiques.

Les plus belles variétés compactes s'exploitent en Pensylvanie. Nous possédons en France, principalement dans l'ouest, des gîtes importants d'anthracites schisteuses.

Les anthracites, malgré la difficulté avec laquelle elles brûlent, sont des combustibles précieux, qui fournissent même plus de chaleur que tous les autres, quand on les emploie dans des fourneaux ou des foyers convenablement disposés.

§ 90. Les recherches chimiques, et principalement le travail de

1. A la distillation, les anthracites perdent seulement 10 à 15 pour 100 de leur poids, sans changer notablement d'aspect.

M. Regnaut sur l'ensemble des combustibles fossiles, ont fait voir que ces combustibles forment une série, dans laquelle l'altération du végétal va toujours croissant, depuis la tourbe et les bois bitumineux, jusqu'à l'anthracite, où il ne reste pour ainsi dire plus que l'élément fixe, le carbone. Cette altération, cette carbonisation particulière, qui semble due principalement au temps, dans les conditions moyennes de gisement des dépôts sédimentaires, paraît avoir été accélérée par les phénomènes métamorphiques, puisque les combustibles fossiles des terrains métamorphiques sont à l'état d'anthracite. On peut même remarquer que les dépôts schisteux cristallins contiennent des masses de *graphite*, c'est-à-dire, de carbone à peu près pur, qui viennent compléter la série.

www.ingramcontent.com/pod-product-compliance
Ingram Content Group UK Ltd.
Pitfield, Milton Keynes, MK11 3LW, UK
UKHW020951180726
13838UKWH00003B/1262